计算机科学与技术丛书

C语言编程实践与实验设计

凌永发 张红军 蒋名权 王珍珍 甘晓昀◎编著

清华大学出版社
北京

内 容 简 介

本书专注于C语言编程实践与实验设计,旨在通过一系列系统且相关的程序设计实验与实战案例,帮助读者掌握C语言核心知识,重点提升编程实践能力。全书共分为四部分。第一部分为上机要求与编程环境;第二部分为上机实验指导,通过18个典型实验,循序渐进地引导读者学习C语言语法、数据类型和表达式、三大控制结构、数组、函数、指针等关键内容;第三部分为编程实战,包括两个编程实战案例——学生成绩管理系统和银行ATM模拟系统;第四部分为测试习题,提供选择题、填空题、编程题等多种题型,全面考查读者知识点掌握情况与实践能力。同时,附录提供了C语言常见编译错误及解决方法。本书中的实验旨在引导读者的兴趣,帮助读者掌握学习方法、提升学习效果。本书把实战案例按知识点分解,与章节内容紧密结合,增强学习效果。

本书适合作为普通高等院校、职业院校计算机类专业和工学类专业学生的实验教材或自学参考书。

图书在版编目(CIP)数据

C语言编程实践与实验设计/凌永发等编著. -- 北京:清华大学出版社,2025.7. --(计算机科学与技术丛书). -- ISBN 978-7-302-69602-5

Ⅰ. TP312.8

中国国家版本馆CIP数据核字第2025DX7026号

策划编辑:盛东亮
责任编辑:范德一
封面设计:李召霞
责任校对:李建庄
责任印制:沈　露

出版发行:清华大学出版社
　　　　网　　址:https://www.tup.com.cn,https://www.wqxuetang.com
　　　　地　　址:北京清华大学学研大厦A座　　　　邮　　编:100084
　　　　社 总 机:010-83470000　　　　　　　　　　邮　　购:010-62786544
　　　　投稿与读者服务:010-62776969,c-service@tup.tsinghua.edu.cn
　　　　质量反馈:010-62772015,zhiliang@tup.tsinghua.edu.cn
　　　　课件下载:https://www.tup.com.cn,010-83470236
印　装　者:小森印刷(天津)有限公司
经　　销:全国新华书店
开　　本:186mm×240mm　　　印　张:12.5　　　字　　数:284千字
版　　次:2025年7月第1版　　　　　　　　　　印　　次:2025年7月第1次印刷
印　　数:1~1500
定　　价:49.00元

产品编号:109444-01

前 言
PREFACE

在当今信息技术飞速发展的时代,C语言作为一种经典的编程语言,以其简洁紧凑、灵活方便、运算符丰富,以及数据结构多样等特点,在跨平台应用、系统编程、软件开发、数值计算等众多领域发挥着举足轻重的作用。C语言不仅是一门技术工具,还是连接理论与实践、思维与创新的桥梁,其广泛的应用范围赋予了这门语言强大的生命力和无限的发展潜力。

本书正是基于C语言的重要性和广泛应用背景而编写的,旨在通过将系统的理论与实践相结合,培养学生的编程思维、实践能力和创新能力。在当今社会,单纯的理论知识已难以满足行业对人才的需求,因此,本书在内容设计上凸显了以下几个方面的特色。

1. 融入思政元素,提升教育内涵

在本书的编写过程中,编者充分考虑了思政教育的重要性,根据C语言的知识点巧妙地融入了思政元素。这不仅有助于培养学生的社会主义核心价值观,还能丰富教学内容,增加教学的深度和广度。通过这种方法,本书力求提高教学质量和效果,弥补传统教育的不足,推动新工科改革的深入发展。

2. 设计综合编程实战演练,强化实践能力

C语言编程是一门实践性很强的课程,为了增强学生的编程基础能力和提升学生的编程综合技能,本书特别设计了多个真实综合案例,并选取其中一个典型案例,将其按知识点进行分解,融入对应的章节中。这样,学生在学习每章知识点的同时,都能接触到综合编程的实践内容,从而更有效地提升解决综合问题的能力。

3. 测试习题丰富多样,巩固提高所学

为了帮助学生更好地理解和掌握C语言编程的精髓,本书还特别设计了一套内容丰富的测试习题。测试习题包含选择题、填空题和编程题等多种题型,旨在全面考查学生的知识点掌握情况和实践能力,帮助学生进一步巩固所学知识、提高编程技能和分析并解决实际问题的能力。

本书的内容结构清晰,分为以下四部分。

第一部分:上机要求与编程环境。详细介绍了上机实验的目的、要求,实验前的准备,实验的步骤,以及实验报告的格式,同时概述了编程环境的选择、安装、配置与使用,为后续的编程实践打下坚实基础。

第二部分:上机实验指导。通过一系列精心设计的实验,引导学生逐步掌握C语言的基本语法、数据类型和表达式、三大基本结构、数组、函数、指针等核心知识。

　　第三部分：编程实战。以实际案例为线索，将理论知识与实际应用紧密结合，通过综合编程实战演练，提升学生的编程能力和解决实际问题的能力。

　　第四部分：测试习题。提供了丰富的习题，帮助学生巩固所学的知识点，并更好地理解和掌握C语言编程的核心内容。

　　本书旨在通过丰富的编程实践，激发读者的学习兴趣，锻炼读者的编程逻辑思维，提升读者解决实际问题的能力，并培养读者的创新思维与创造力。编者相信，通过对本书的学习，读者能够扎实掌握C语言的基本知识和编程技能，为未来的职业生涯奠定坚实的基础。同时，编者也期待本书能够为C语言的教学和研究提供有益的参考和借鉴。

　　由于编者水平有限，书中难免存在错漏和不足之处，敬请读者指正。

编　者

2025 年 5 月 7 日

目 录
CONTENTS

第一部分　上机要求与编程环境

第二部分　上机实验指导

第三部分 编 程 实 战

第四部分 测 试 习 题

第一部分　上机要求与编程环境

▶▶▶

本部分介绍了上机实验的目的、要求以及编程环境，以便帮助读者更好地理解并准备进行实验，包含的章节如下。

第 1 章　上机实验的目的和要求

第 2 章　编程环境

第1章 上机实验的目的和要求

本章旨在通过实际操作帮助读者加深对 C 语言程序的理解,提高读者对 C 语言的应用能力和分析问题、解决问题的能力,并培养读者的逻辑思维和算法设计能力。同时,也要求读者掌握 C 语言程序的编写、检查、编译、运行和调试等基本技能。

1.1 上机实验的目的

C 语言上机实验的目的主要聚焦于以下几方面,旨在通过实验操作来增强读者的编程技能和理解能力。

(1)加深理论知识的理解和应用:通过编写和运行 C 语言程序,读者需能够将理论知识(如数据类型、控制结构、函数、指针等)应用到实际编程中,从而加深对这些概念的理解和掌握。

(2)培养编程能力和解决问题能力:上机实验提供了一个将理论知识转化为实际编程技能的平台。读者需要通过分析问题、设计算法、编写代码、调试程序等一系列过程来解决实际问题,这有助于培养编程能力和解决问题能力。

(3)熟悉编程环境和工具:在实验过程中,读者需要熟悉并使用 C 语言的编程环境(如 IDE、编译器、调试器等),掌握这些工具的基本操作和使用方法。

(4)掌握编程规范和风格:通过上机实验,读者可以学习到编写 C 语言程序时应遵循的规范和风格,如代码的可读性、可维护性,注释的添加等。这些良好的编程习惯将对读者在未来的编程生涯产生积极的影响。

(5)提高调试和查错能力:在编写和运行程序的过程中,读者不可避免地会遇到各种错误。通过上机实验,可以学会使用调试工具来查找和修正错误,从而提高读者的调试和查错能力。这对于读者将来是否能成为一名高效的程序员至关重要。

(6)增强实践经验和兴趣:通过亲手编写和运行 C 语言程序,读者可以亲身体验编程的乐趣和成就感,进一步激发读者对编程的兴趣和动力。同时,这些实践经验也将为读者未来的学习和工作提供宝贵的参考和借鉴。

1.2　上机实验前的准备

C 语言上机实验前的准备工作是确保实验顺利进行的重要环节,主要包括以下几方面。

(1) 准备编程环境:了解计算机上安装的 C 语言的编程环境。掌握编程环境的使用,如编辑、编译、运行和调试 C 语言程序等。

(2) 预习相关知识:了解实验目的、实验步骤和实验要求,掌握与实验内容相关的理论知识、重难点、易错点。确保对即将进行的实验内容有清晰的认识和理论基础。

(3) 熟悉操作界面:提前熟悉编程软件的界面布局、菜单功能、快捷键等,以便在实验过程中提高效率。

(4) 编写程序:①仔细分析实验题目,明确实验要求和目标,根据题目要求,设计算法和数据结构;②根据设计好的算法和数据结构,编写 C 语言源程序,注意代码的规范性、可读性和可维护性;③在编译之前,对源程序进行静态检查,查找并修正能发现的语法错误和逻辑错误。

(5) 准备测试数据:①根据实验要求,准备几组输入数据,这些数据应该尽可能覆盖程序的各种情况,以便全面测试程序的正确性;②对于每组输入数据,都要有明确的预期结果,这有助于在程序运行时验证程序的正确性。

(6) 其他准备:①准备一些相关的参考资料,如 C 语言编程手册、算法图书等,以便在需要时查阅;②准备实验报告的写作材料,包括实验目的、实验步骤、实验结果和实验分析等部分。

1.3　上机实验的步骤

上机实验具体包括如下五个步骤。

步骤 1:阅读题目或者程序。对于编程题,应该先看懂题目并分析题意,然后思考用什么方法去解决,整理思路以明确需要用哪些变量保存中间结果以及最后的结果,尽量用伪代码或者流程图等工具写出解题的大概步骤;对于阅读程序题和程序填空题,必须先要认真阅读题目和程序,理解程序并尽量自己试着写出运行结果或者填空。

步骤 2:编辑输入代码。对于编程题,根据前面的分析,编辑输入代码,然后保存代码;对于阅读程序题和程序填空题,把实验题目所给的源代码编辑输入,然后保存代码。

步骤 3:编译程序。把已经输入的程序进行编译,如果出现语法错误,则认真看错误提示,根据提示修改源程序,注意修改之后马上再编译,因为有可能一个地方写错会引起多条编译错误。这里可能需要多次重复“修改→编译”的过程,直到没有编译错误为止(常见编译错误可以参考附录 B)。

步骤 4:运行程序并分析运行结果。运行没有编译错误的程序,然后观察运行结果,注意要对结果进行分析。对于编程题,应该输入多组不同的测试数据来验证编写的程序是否正确。对于阅读程序题,应该把运行结果与自己的分析结果进行比较,看看是否相同,如果不相同,需要认真地分析是程序输入错了,还是自己分析错了;对于程序填空题,与编程题相似,应该输入多组不同的测试数据来验证编写的程序是否正确。

步骤 5:调试程序,寻找隐藏的错误(bug)。对于编程题,当分析运行结果并发现错误时,需要去检查源程序,找到错误所在。注意,这里语法没有问题,可能是变量引用错误、判断或循环存在逻辑错误,或者算法本身存在错误。出现这种情况时,需要进一步分析题意,检查程序,然后修改程序,再次运行,并分析运行结果。如果此时运行结果还是不对,隐藏的错误一时还找不到,可以借助编译系统的调试工具设置断点,单步调试,查看运行的某些变量的中间结果,进行分析寻找隐藏在程序中的错误。值得注意的是,在上机实验中这一步是最难的,需要有足够的耐心和毅力去克服困难,努力查找隐藏在代码中的错误,实现既定的目标。

1.4　实验报告格式

C 语言实验报告是记录学习 C 语言过程中实验活动的重要文档,它不仅反映了实验的过程和结果,还体现了读者分析问题和解决问题的能力,建议提交电子实验报告即可,不用再手写。一个完整的 C 语言实验报告通常应包含以下几个基本部分。

(1)解题分析:包含运用到的知识点、变量及类型定义、主要算法以及解题思路等。

(2)编写代码:提前或当场在草稿纸上进行编程,建议在预习环节完成。

(3)输入代码:把编写好的程序代码输入编程软件中,按照程序规范将其编辑并保存为源程序文件。

(4)编译程序:如果存在错误则需要根据软件提示的错误,对程序进行修改,注意每修改 1 处错误马上重新编译程序,直至编译程序时不再出现错误。

(5)运行程序:输入测试数据,分析运行结果,当发现结果不对时,可能存在输入输出错误、逻辑错误或者算法错误等。此时需要进一步分析题目和修改程序中隐藏的错误。如果测试时结果都正确,则把运行结果截图保存到实验报告中。

实验报告范例如下。

C 语言程序设计实验				
班级		姓名	学号	
实验名称	选择结构程序设计		完成时间	年　月　日

1. 实验目的

(1)熟练掌握 if 语句的功能和用法,以及 if 语句的嵌套。

(2)掌握 switch 语句的格式、功能和用法。

(3)灵活使用 if 语句和 switch 语句进行选择结构的程序设计。

2．**实验内容**

【题目1】　编写一个 C 语言程序,该程序要求用户输入一个整数,然后根据该整数的值,输出该整数是正数、负数,还是零。

（1）解题分析：这个问题可以通过使用 if 多分支语句来解决。程序首先接收用户输入的整数,然后使用一个 if-else if-else 结构来判断这个整数与 0 的关系,并根据判断结果输出相应的信息。

（2）编写代码。

```
# include < stdio.h>
int main()
{
    int number;
    printf("请输入一个整数: ")
    scanf("% d", &number);
    if (number > 0)          // 使用 if 多分支判断并输出结果
        printf("% d 是正数.\n", number);
    else if (number < 0)
        printf("% d 是负数.\n", number);
    else
        printf("% d 是零.\n", number);
    return 0;
}
```

（3）编译程序。

① 报错信息：第 6 行报错 expected ';' before 'scanf',意思是 scanf 前缺少分号。

② 解决方法：在第 5 行代码末尾加分号,表示此行代码结束。

（4）运行结果截图。

```
请输入一个整数: 2
2 是正数。


Process exited with return val
Press any key to continue . .
```

```
请输入一个整数: -5
-5 是负数。


Process exited with return
Press any key to continue .
```

```
请输入一个整数: 0
0 是零。


Process exited with return
Press any key to continue .
```

【题目2】

......

【题目3】

......

3．**实验小结**

在本次选择结构程序设计实验中,深入学习了 C 语言中 if 语句的三种分支、switch 语句等选择结构的知识和应用方法,通过一系列的实验操作,不仅加深了对理论知识的理解,还显著提高了解决实际问题的能力。

同时,存在如下问题和需要改进的地方。

(1)代码优化:在实验中,部分代码存在冗余和不够简洁的问题,未来需要更加注重代码的优化和重构。

(2)逻辑复杂性:在处理一些较为复杂的逻辑判断时,还需要进一步提高自己的思维能力和代码设计能力。

(3)实际应用:虽然本次实验涵盖了选择结构的基本应用,但距离实际项目开发中的复杂场景还有一定差距,未来需要多参与实际项目,提升编程实战经验。

第 2 章

编 程 环 境

2.1 Dev-C++介绍

Dev-C++是一款专为 Windows 操作系统设计的轻量级 C/C++集成开发环境(IDE),它以简洁的界面、强大的功能和易于上手的特点受到广泛欢迎。这款 IDE 集成了代码编辑器、编译器、调试器和项目管理器等工具,为开发者提供了一个完整的编程环境。用户可以在 Dev-C++中编写、编译、调试和运行 C/C++程序,无须在多个软件之间切换,大幅提高了开发效率。

对于需要快速搭建小型项目或进行实验性开发的开发者来说,Dev-C++是一个不错的选择。它提供了完整的编程环境和丰富的功能支持,能够满足大多数小型项目和实验性开发的需求。

Dev-C++支持 C/C++编程语言,并且具有高效的编译和调试功能,这使得它成为算法竞赛和编程练习的理想工具之一。许多算法竞赛选手和编程爱好者都使用 Dev-C++进行代码编写和调试。

Dev-C++特别适合初学者和学生使用,因为它不仅提供了基本的编程功能,还内置了语法高亮、代码补全等辅助功能,能够帮助用户更快地掌握编程技巧。此外,Dev-C++还支持多种语言(包括中文),使得用户可以根据自己的语言习惯进行操作。

2.2 Dev-C++的安装

Dev-C++的安装过程如下。

首先,需要从官方网站下载 Dev-C++的安装包。建议下载最新版本的安装文件,以便获得最新的功能和安全性更新。

运行下载好的文件 Setup.exe,等待解压数据,如图 2-1 所示。

解压数据后进入 Installer Language 界面选择语言,如图 2-2 所示。

单击图 2-2 中的 OK 按钮,进入 License Agreement 界面,获取许可协议,如图 2-3 所示。

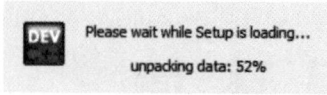

图 2-1   解压数据

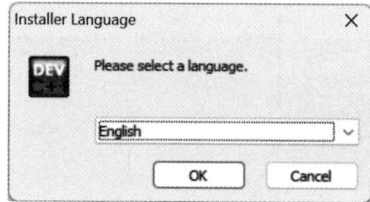

图 2-2   Installer Language 界面

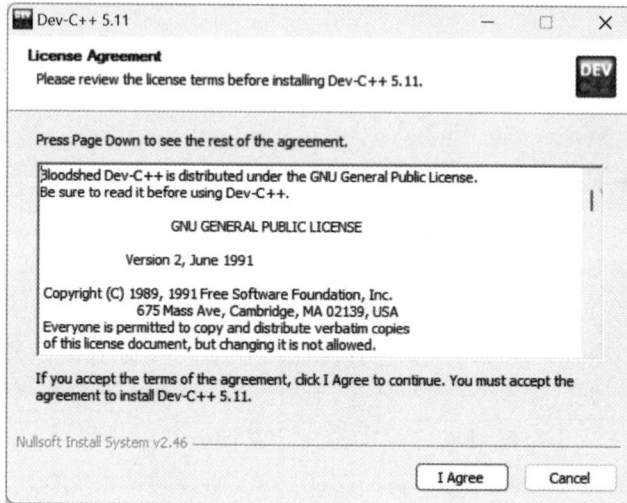

图 2-3   License Agreement 界面

单击图 2-3 中的 I Agree 按钮后进入 Choose Components 界面,选择需要安装的组件,如图 2-4 所示。

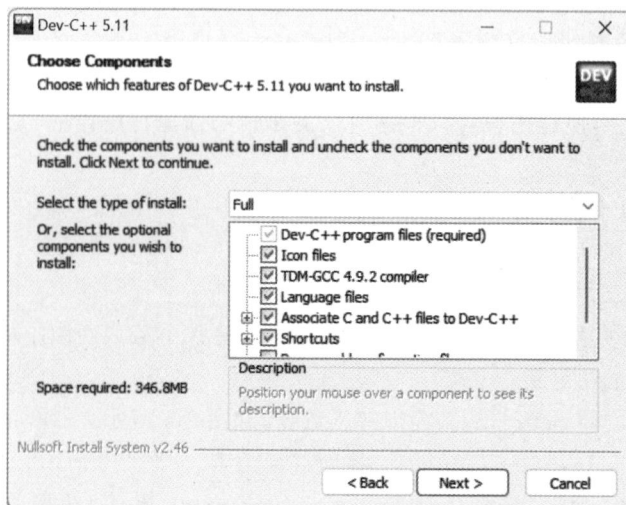

图 2-4   Choose Components 界面

在图 2-4 中单击 Next 按钮后进入 Choose Install Location 界面,如图 2-5 所示。

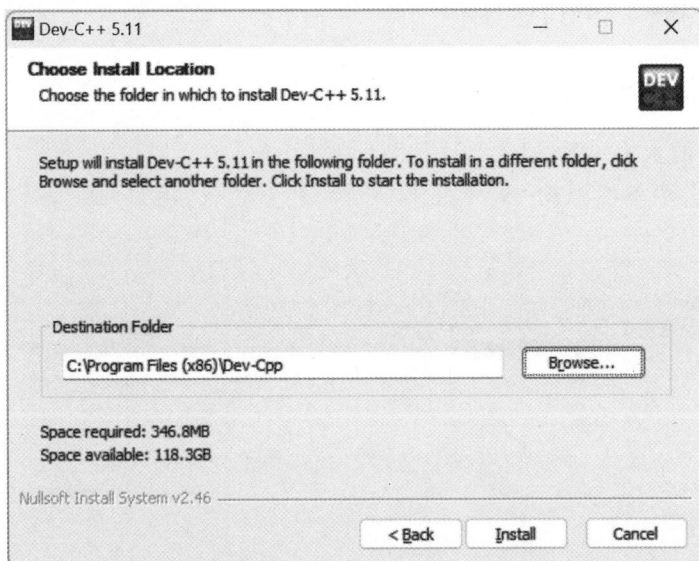

图 2-5 Choose Install Location 界面

在图 2-5 中可选择安装路径,单击 Install 按钮后可自动安装,安装完成后显示安装完成界面,如图 2-6 所示。

图 2-6 安装完成界面

在图 2-6 中单击 Finish 按钮,Dev-C++安装完成并运行 Dev-C++。

2.3 代码编辑器的使用

2.3.1 新建 C 项目

新建 C 项目的步骤如下。

步骤 1：单击菜单栏上的"文件[F]"→"新建[N]"→"项目[P]"，新建项目如图 2-7 所示。

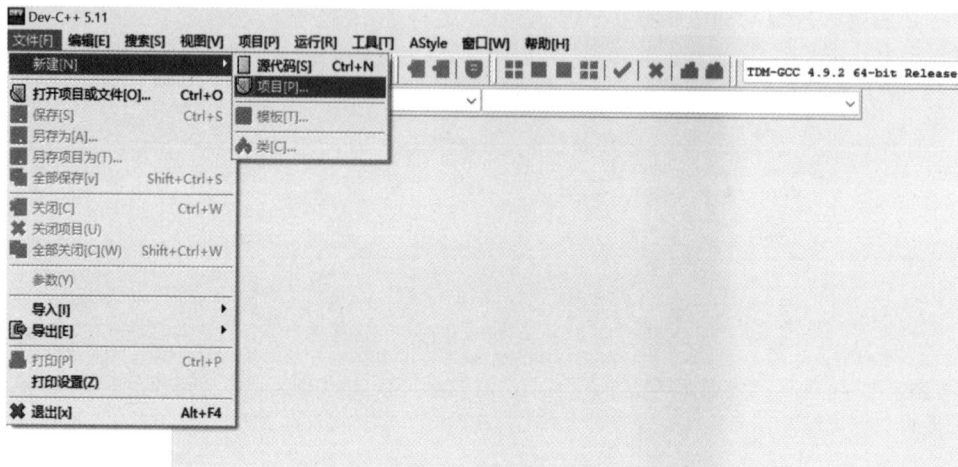

图 2-7 新建项目

步骤 2：选择 Basic 选项卡，选中 Console Application，选中"C 项目"单选按钮，项目名称可以任意命名，完成后单击"确定"按钮，如图 2-8 所示。

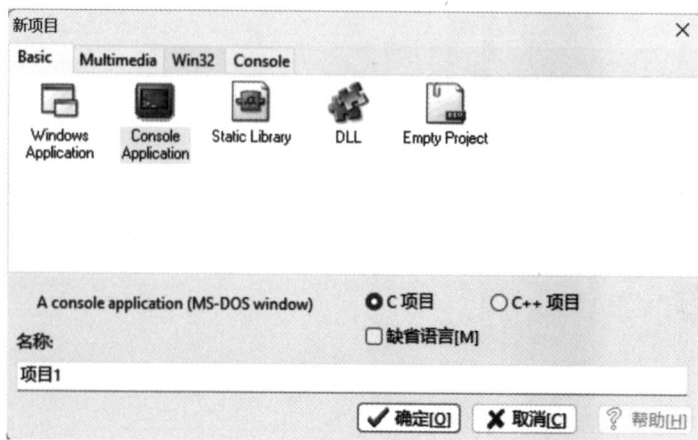

图 2-8 新建 C 项目

步骤 3：选择保存项目的路径，文件名可自定义，如图 2-9 所示。

图 2-9　项目保存地址与项目文件名称命名

单击图 2-9 中的"保存"按钮后,C 项目新建完成,显示如图 2-10 所示的 Dev-C++ 主页面。

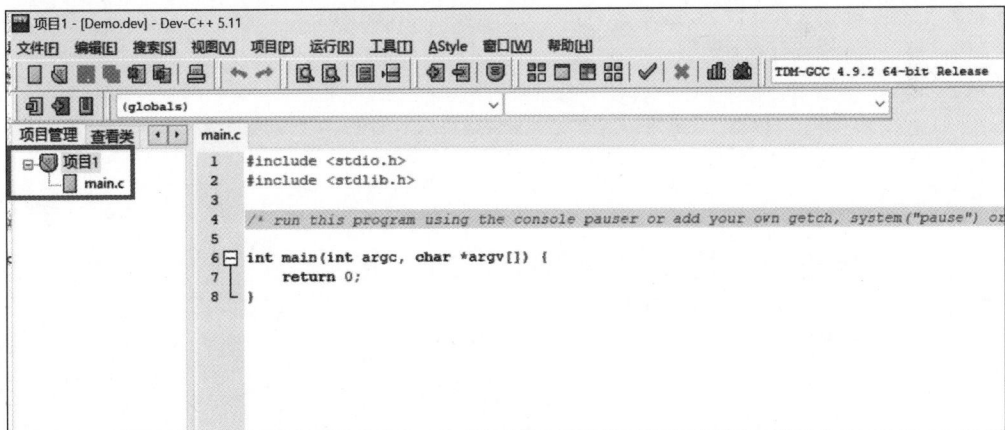

图 2-10　Dev-C++ 主页面

2.3.2　新建文件

对于单个源代码的程序,可以直接新建源代码文件。单击图 2-11 中菜单栏上的"文件[F]"→"新建[N]"→"源代码[S]",或直接使用快捷键 Ctrl＋N,Dev-C++ 主页面中会出现一个新的源文件编辑窗口("未命名 1"文件),可以在其中编写代码,如图 2-12 所示。

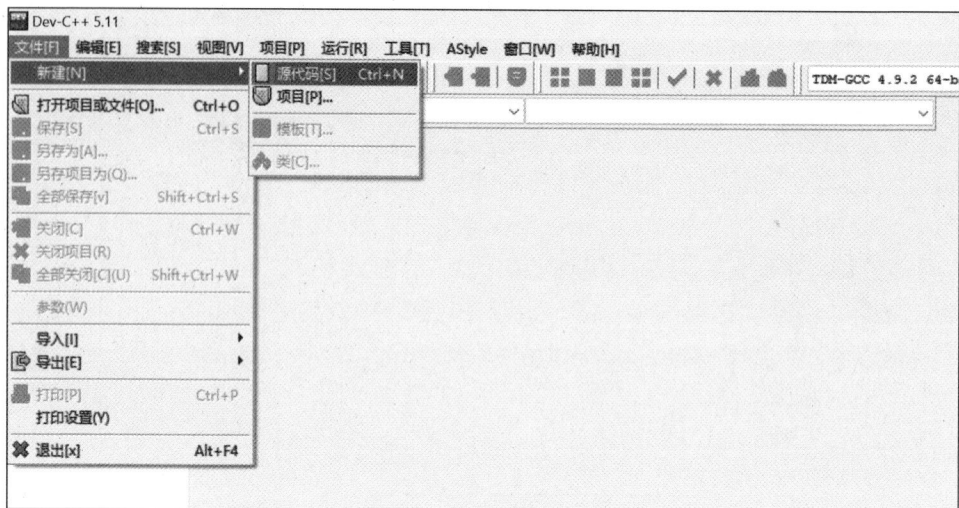

图 2-11　新建源代码

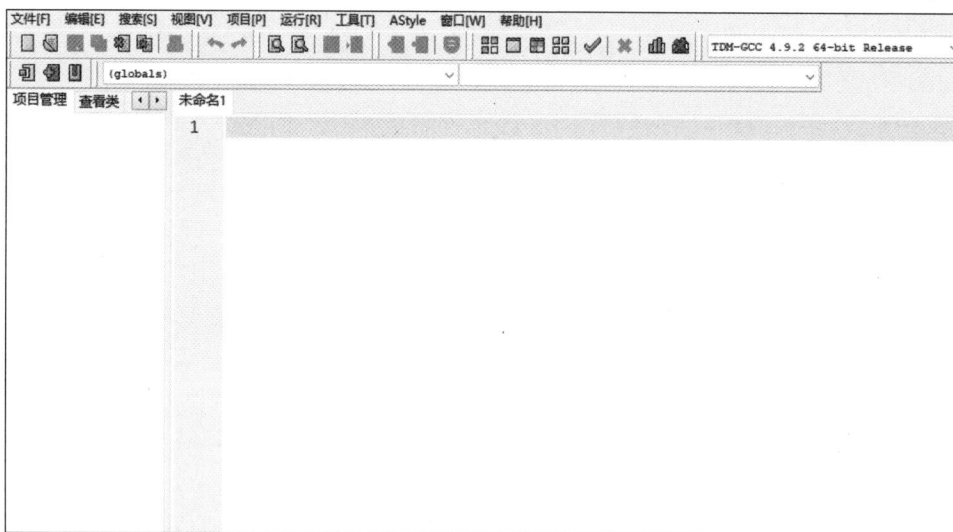

图 2-12　源文件编辑窗口

2.4　编译与运行程序

编译与运行程序流程如下。

（1）编译程序：单击工具栏上的编译（Compile）按钮 ▦ 或按 F9 快捷键，对程序进行编译，如图 2-13 所示。如果代码没有错误，编译器将生成可执行文件。

（2）运行程序：编译成功后，单击工具栏上的运行（Run）按钮 ▢ 或按 F10 快捷键，运行程序，如图 2-14 所示。如果程序包含主函数（main()函数），则会在控制台窗口显示运行结果。

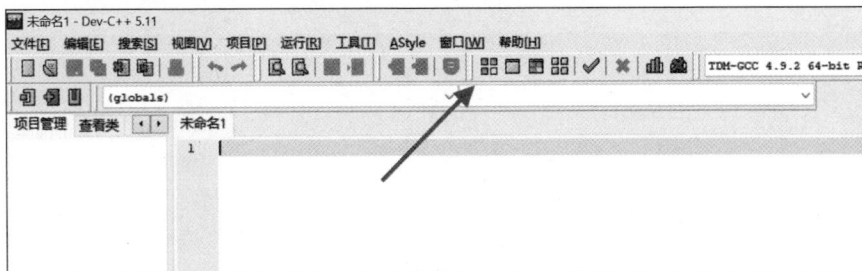

图 2-13　编译程序

图 2-14　运行程序

2.5　调试工具的基本操作

如果程序运行结果不符合预期,可以使用 Dev C++的调试功能来查找和解决问题。

设置断点:在代码中需要暂停执行的位置单击行号,设置断点。设置断点之后该行为红色底纹显示。

启动调试器:单击工具栏上的调试(Debug)按钮 ✔ 或按 F5 快捷键,启动调试器。

添加查看:在添加查看里面输入想要查看的变量名。

单步执行:使用下一步(Step)、步入(Step Into)和步过(Step Over)等功能,逐行跟踪代码执行并查看相应变量的值进行分析,寻找里面隐藏的 bug。

2.6　其他设置

Dev-C++还提供了许多其他设置选项,如编辑器的字体大小、颜色方案、编译器选项、环境选项等。这些设置可以通过菜单栏的"工具[T]"→"编辑器选项(Editor Options)"或"项目[P]"→"项目选项(Project Options)"等进入设置界面进行调整。还可以通过"工具[T]"→"编译选项(Compiler Options)"设置编译器;通过"工具[T]"→"环境选项(Environment Options)"设置环境选项,例如设置语言等。

第二部分　上机实验指导

▶▶▶

第二部分包含第 3～20 章，共 18 个实验，实验从简单的程序框架、语法、表达式开始，逐步增加难度，遵循循序渐进的原则，具体章节如下。

第 3 章

开发环境的使用

【课程思政】

（1）爱国情怀与科技梦：在探索 C 语言上机实验的初始篇章，不仅需要追溯其作为计算机科学基石的辉煌历程，更需要了解中国在这一领域的迅猛崛起与卓越贡献。每次编写代码，都是对先辈智慧的致敬，也是在播种未来科技的梦想。这不仅是一场技术的学习之旅，更是激发民族自豪感、点燃爱国情怀的壮丽征程。

（2）自主学习，筑梦编程之旅：在踏入 C 语言世界的起点，不仅要掌握基础的语法与环境的搭建，更要培养自主学习的能力与终身学习的态度。编程之路漫长且充满挑战，每次对未知的探索，都是对自我边界的拓宽。我们应当像探索者一样，勇敢地迈出第一步，主动求知，不懈追求。这不仅是对 C 语言学习的要求，更是对未来职业生涯乃至整个人生的重要准备。自主学习是通往成功的阶梯，而终身学习的态度，则是不断攀登高峰、实现梦想的动力源泉。

3.1 实验目的

（1）了解软件 Dev-C++ 或 VS2020 的基本操作方法，学会独立使用 C 语言程序运行环境。

（2）熟练掌握在软件 Dev-C++ 或 VS2020 上编辑、编译、连接和运行一个 C 语言程序。

（3）通过运行简单的 C 语言程序，掌握和理解 C 语言程序的结构，初步了解 C 语言程序的特点。

3.2 主要知识点

（1）如果 C 语言程序需要输入输出功能，一般在程序的最开始加上 #include < stdio.h >。

（2）C 语言程序的框架，有且仅有一个主函数，即 main()函数，这是编写 C 语言程序必须要注意的，而且 main 不能写错。

（3）main()函数后面必须包含一对花括号，花括号括起来的内容就是函数体，函数体里面是要编写的程序，由若干语句组成，可以实现一定的功能。

（4）主函数的函数体最后一个语句是"return 0;"，这很重要，表示程序正常结束，请在一开始编写程序时就养成写这一个语句的习惯。

3.3　实验内容

【题目1】　将如下代码编写进主程序 test1.c。

```
# include < stdio. h >          //头文件
int main()                      //主函数
{
    printf("欢迎大家,我们一起学习 C 语言!\n");
    return 0;
}
```

编译运行此程序，查看运行结果，并复制运行结果截图至实验报告。

【题目2】　在屏幕上输出如下信息。

```
**********************************************
                我们共同学习,共同进步!
**********************************************
```

（1）请编写程序实现上述功能。

（2）编译运行此程序，查看运行结果，并复制运行结果截图至实验报告。

【题目3】　从键盘输入两个整数 x 和 y，输出 x 和 y 的和。

（1）请编写程序实现上述功能。

（2）编译运行此程序，查看运行结果，并复制运行结果截图至实验报告。

【题目4】　从键盘输入两个整数 x 和 y，输出 x 和 y 的平均值（保留 2 位小数）。

（1）请编写程序实现上述功能。

（2）编译运行此程序，查看运行结果，并复制运行结果截图至实验报告。

3.4　思考与练习

（1）在编写程序之后，应该先保存程序，保存时注意选择保存的位置，如何保存 C 语言程序？

（2）在编写并保存好一个程序之后，编译程序，当发现程序中有错误，如何最快找到错误并修改它？

（3）在编写并保存好一个程序之后，一般先编译程序，程序没有错误再运行程序，也可以编译和运行一起完成。请问在 Dev-C++ 中，除了可以通过菜单实现，还可以按什么快捷键编译程序、运行程序，以及编译运行程序？

（4）试着编写一个程序，从键盘输入两个整数，然后求这两个整数的最大值并将其输出。

第4章

数据类型、运算符和表达式的应用（一）

【课程思政】

（1）编织代码梦，责任照亮未来：在变量的编写中，每次精准的命名与细心的初始化，都要如同织锦般细腻，赋予代码以生命和灵魂。这不仅是技术的展现，更是责任心的体现。每行代码都是对未来的承诺，它们将影响程序的稳定性与可维护性。因此，编程培养的是一种责任感，一种对未来负责的态度，让代码成为心中最精致的艺术品。

（2）绿色编程，共绘地球蓝图：数据类型的选择，不仅是编程技巧的体现，更是对资源高效利用的深刻理解。倡导绿色编程，旨在通过优化代码，减少内存浪费，为地球减负。这不仅是技术的追求，更是对可持续发展的贡献。在每个编程的细微之处，种下绿色的种子，期待它们在未来长成参天大树，为地球家园增添一片绿意。

4.1　实验目的

（1）熟悉 C 语言数据类型，熟练掌握整型、字符型和实型变量的定义。

（2）掌握变量的使用方法，掌握变量赋值的基本方法。

（3）进一步熟悉 C 语言程序的集成编译环境，积累上机实验的经验。

4.2　主要知识点

（1）整型常量的表示方法：十进制、八进制和十六进制方式。十进制最常见，八进制以 0 开头，十六进制以 0X 开头。大家不仅要掌握整型常量常见的三种表示方法，还要掌握它们之间的相互转换。注意，C11 标准支持二进制表示的整型常量，由 0b 或者 0B 开头。

（2）变量有三要素：变量类型，变量名，变量值。变量类型决定了变量可以存储怎样的数据以及数据的范围，而变量名是访问该变量的唯一标识，变量值是变量里面存储的具体值。变量的定义方法：

类型名 变量名;

赋值方法：

> 变量名 = 表达式;

功能是把表达式的值先求解出来,然后赋给等号左边的变量,所以要求变量名必须写在等号左边,表达式写在等号右边。

(3) 整型变量有短整型(short)、整型(int)、长整型(long)、双长整型(long long)。每种变量能保存整数的范围和所占字节数是有区别的。想要保存的整数越大,所需要的空间就越大。定义整型变量时要根据实际需要,而不是都定义为双长整型。

(4) 浮点型变量分为单精度(float)和双精度(double),两者也是有区别的。如果数据不是很大,精度要求也不是很高,可以用单精度。而如果想要保存精确度比较高的小数,就定义为双精度变量,但是付出的空间会比单精度变量高一倍。定义浮点型变量时也要根据实际需要进行定义。

4.3 实验内容

【题目1】 输入并运行下面的程序,按要求回答如下问题。

```c
#include <stdio.h>
int main()
{
    int a,b,c,d;
    a = 123; b = 0123; c = 0x123; d = 0b11001;
    printf("%d, %d, %d, %d\n",a,b,c,d);
    return 0;
}
```

(1) 编译运行此程序,查看运行结果,并复制运行结果截图至实验报告。

(2) 简单解释运行结果。

【题目2】 输入并运行下面的程序,按要求回答如下问题。

```c
#include <stdio.h>
int main()
{
    char ch1,ch2;
    ch1 = 66; ch2 = 98;
    printf("%c, %c\n",ch1,ch2);
    return 0;
}
```

(1) 编译运行此程序,查看运行结果,并复制运行结果截图至实验报告。

(2) 在"return 0;"前面增加一个语句"printf("%d,%d\n",ch1,ch2);"再编译运行程序,观察运行结果。

(3) 将第5行改为"ch1=B;ch2=b;"再编译程序,出现了什么问题?简单解释为什么会出现这种情况。

（4）将第 5 行改为"c1＝'B'；c2＝'b'；"再编译运行程序，分析其运行结果。

【题目 3】 分析下面的程序并写出结果，然后再上机运行，回答如下问题。

```c
# include < stdio.h >
int main()
{
    float x,y,z;
    x = 111.222333;
    y = 222.333444;
    z = x + y;
    printf(" % f\n",z);
    return 0;
}
```

（1）编译运行此程序，查看运行结果，并复制运行结果截图至实验报告。

（2）简单解释为什么会出现这种结果。

（3）把 float 换为 double，结果如何？修改之后请运行程序，并简单解释出现这种结果的原因。

【题目 4】 从键盘输入三个整数，求这三个整数之和以及平均值并输出。

（1）请编写程序实现上述功能。

（2）编译运行此程序，查看运行结果，并复制运行结果截图至实验报告。

4.4 思考与练习

（1）如何正确地选用变量的数据类型？必须根据实际需要，还是可以随便选择变量的数据类型？

（2）单精度和双精度变量有区别吗？在实际运用中，如何选择这两个浮点型变量？

（3）编写程序，从键盘输入两个整数，求两个数之和并输出（注意这两个整数最大可能达到 20 亿）。

（4）编写程序，从键盘输入两个正整数，求两个数之和并输出（注意这两个正整数不超过 20000，为了节省空间考虑如何定义整型变量）。

第5章

数据类型、运算符和表达式的应用（二）

【课程思政】

（1）规则之美，法治之光引领创新：在编程的世界里，规则是程序运行的基石，它们如同法律之于社会，维护着秩序与公正。严格遵守编程语言的规则，不仅是为了确保程序的正确性，更是在培养一种法治精神。这种精神引导我们在技术的海洋中稳健前行，勇于创新，同时不失对规则的敬畏之心。

（2）效率之翼，节能减排共创未来：优化数据类型转换，精炼运算符表达式，这些看似微小的改进，实则蕴含着巨大的能量。它们如同给程序插上了效率的翅膀，让其在处理数据时更加迅速、准确。同时，这也是对节能减排理念的生动实践。通过不懈的努力，能够用代码编织出更加绿色、高效的未来，为地球母亲减负，共创美好明天。

5.1　实验目的

（1）进一步掌握变量的定义和使用方法。

（2）掌握C语言中简单运算符和表达式的使用方法、优先级和结合性。

（3）掌握不同类型数据运算时数据类型之间的转换规则。

5.2　主要知识点

（1）表达式求值的语法规则：当若干不同优先级的运算符同时出现在表达式中时，运算符的优先级规定了运算的先后次序；而当若干具有相同优先级的运算符相邻出现在表达式中时，结合方向规定了运算的先后次序。一般来说，大多数运算符的结合方向为"从左到右"，只有单目运算符、赋值运算符和条件运算符的结合方向为"从右到左"。

（2）算术运算符中的乘除、求余（求模）运算的优先级相同，但是高于加减运算。注意，灵活运用除法和求模运算可以进行数据的拆分，再加上乘法和加法可以进行数据的拆分和重新组合，所以不要忽略最常见的算术运算符。

（3）一般来说，算术运算符的优先级高于关系运算符，关系运算符的优先级高于逻辑运算符,逻辑运算符的优先级高于赋值运算符,赋值运算符的优先级高于逗号运算符,逗号运算符是优先级最低的运算符。注意,逻辑运算符中的逻辑非是特殊的,它是单目运算符,而单目运算符的优先级排第二,高于算术运算符。

(4)进行赋值运算时,要先求出赋值运算符右边的表达式的值,然后将该值转换为赋值运算符左边的变量的类型,再进行赋值。所以赋值运算符左右两边的数据类型不一致时,有可能造成精度丢失。

5.3 实验内容

【题目 1】 阅读如下程序。

```c
# include < stdio.h>
int main()
{
    int a = 100,b = 6;
    int c,d,x;
    float y;
    c = a/b;
    d = a % b;
    printf("% d, % d\n",c,d);
    x = 10/4;
    y = 10/4.0;
    printf("% d, % f\n",x,y);
    return 0;
}
```

回答如下问题。

(1)分析并写出程序的运行结果。

(2)编译运行此程序,查看运行结果,并复制运行结果截图至实验报告。

【题目 2】 阅读如下程序。

```c
# include < stdio.h>
int main()
{
    int x = 10,y;
    y = x++ - 8;
    printf("% d, % d\n",x,y);
    y = ++x - 8;
    printf("% d, % d\n",x,y);
    return 0;
}
```

回答如下问题。

(1)分析并写出程序的运行结果。

(2)编译运行此程序,查看运行结果,并复制运行结果截图至实验报告。

【题目3】 阅读如下程序。

```
#include <stdio.h>
int main()
{
    int a = 5,b,c;
    float x,y;
    a += a -= a *= 5;
    printf("%d\n",a);
    b = 3.999;
    c = 'A';
    printf("b = %d,c = %d\n",b,c);
    x = 5;
    y = 8/3;
    printf("x = %f,y = %f\n",x,y);
    return 0;
}
```

回答如下问题。

(1)分析并写出程序的运行结果。

(2)编译运行此程序,查看运行结果,并复制运行结果截图至实验报告。

【题目4】 阅读如下程序。

```
#include <stdio.h>
int main()
{
    int a,b,c,d;
    int x = 10,y = 20;
    a = 1 < 2 && 2 > 3;
    b = x > y || x <= y;
    c = !!!x;
    d = 5 && 7;
    printf("a = %d,b = %d,c = %d,d = %d\n",a,b,c,d);
    return 0;
}
```

回答如下问题。

(1)分析并写出程序的运行结果。

(2)编译运行此程序,查看运行结果,并复制运行结果截图至实验报告。与前面分析的结果比较,有什么不同? 简单解释原因。

【题目5】 从键盘输入一个三位数(整数),分别输出该数的个位、十位、百位。

(1)请编写程序实现上述功能。

(2)编译运行此程序,查看运行结果,并复制运行结果截图至实验报告。

【题目6】 从键盘输入一个四位数(整数),求该四位数的倒序数并输出。例如,输入

1234,则输出 4321；输入 1000,则输出 1。

(1) 请编写程序实现上述功能。

(2) 编译运行此程序,查看运行结果,并复制运行结果截图至实验报告。

5.4 思考与练习

(1) 总结常见运算符的优先级,在一个表达式中有优先级相同的运算符时,应该如何进行运算?

(2) 在逻辑与中,如果运算符左边的逻辑量为假,还要不要判断运算符右边的逻辑量;在逻辑或中,如果运算符左边的逻辑量为真,还要不要判断运算符右边的逻辑量?

(3) 编写程序,从键盘输入三个整数,利用条件运算符求这三个整数的最大值并输出。

(4) 编写程序,从键盘输入一个小写字母,将该小写字母转换为大写字母并输出。

第 6 章 数据的输入输出和顺序结构程序设计

【课程思政】

(1) 精准之眼,细节之中见真章:在输入输出的过程中,我们要敏锐地捕捉每个数据细节。这种对精准的追求,不仅是对编程技术的要求,更是对专业精神的体现。应当对数据保持敏锐的感知力和严谨的态度,从而能够在未来的道路上凭借精准之眼洞察问题本质。

(2) 严谨筑梦,逻辑为基塑人生:顺序结构程序设计是对程序逻辑性的严格考验。应当以严谨的态度对待每个编程步骤,精心安排、仔细排查。保持这种严谨精神不仅能够帮助我们编写出高质量的代码,更能培养自己严谨做事的态度,成为自己未来人生道路上的宝贵财富。逻辑为基,严谨筑梦,使得每位编程者都能成为自己人生的规划师和建筑师。

6.1 实验目的

(1) 掌握 C 语言字符输入输出函数的功能和应用。
(2) 掌握 C 语言格式化输入函数和格式化输出函数的功能、格式和应用。
(3) 学会简单的顺序结构程序设计。

6.2 主要知识点

(1) C 语言的字符输入输出函数分别是 getchar() 和 putchar()。注意,调用一次 getchar() 函数只能输入一个字符,同样地,调用一次 putchar() 函数只能输出一个字符。getchar() 函数的一般用法:

```
ch = getchar();
```

putchar() 函数的一般用法:

```
putchar(ch);
```

其中,ch 是一个字符型变量。

（2）格式化输出函数的一般形式：

```
printf("格式控制字符串", 输出表列);
```

注意,格式控制字符串中以％开头的是控制字符,控制各种数据的输出格式;而其他是普通字符,普通字符需要原样输出,起提示作用。输出表列中是需要输出的变量、常量或者表达式等,每个输出项用逗号分隔。需要牢记的是:％d 表示输出普通整型数据,％c 表示输出字符,％f 表示输出小数(默认保留 6 位小数),％lld 表示输出双长整型数据,％s 表示输出字符串。

（3）格式化输入函数的一般形式：

```
scanf("格式控制字符串", 输入变量地址表列);
```

格式控制字符串中以％开头的控制字符与 printf() 函数中的含义相同,但是普通字符需要原样输入,所以一般在 scanf() 函数中的格式控制字符串中不需要加入普通字符,除非是在特别需要加入逗号、冒号等特殊符号的时候;输入变量地址表列中必须是用逗号分隔的变量的地址,这点要特别注意,容易漏写。

6.3 实验内容

【题目 1】 阅读如下程序。

```c
#include <stdio.h>
int main()
{
    char ch1 = 'E',ch2,ch3;
    putchar(ch1);
    putchar(ch1 + 32);
    putchar('\n');
    printf("请输入一个小写字母:");
    ch2 = getchar();
    ch3 = ch2 - 32;
    putchar(ch2);
    putchar(ch3);
    printf("\nch2 = %d,ch3 = %d\n",ch2,ch3);
    return 0;
}
```

回答如下问题。

（1）若输入字符 b,分析并写出程序的运行结果。

（2）运行程序,输入字符 b,查看运行结果,并复制运行结果截图至实验报告。

（3）总结把大写字母转换为小写字母的方法,以及把小写字母转换为大写字母的方法。

【题目 2】 阅读如下程序。

```
# include < stdio.h >
int main()
{
    int a = 100, b = 123;
    char ch = 'F';
    printf("%4c%4d\n", ch, ch);
    printf("%d, %o, %x\n", a, a, a);
    printf("%5d, %05d, b = % - 5d, b = %2d\n", b, b, b, b);
    return 0;
}
```

回答如下问题。

(1) 分析并写出程序的运行结果。

(2) 编译运行此程序,查看运行结果,并复制运行结果截图至实验报告。

【题目 3】 阅读如下程序。

```
# include < stdio.h >
int main()
{
    float a = 123.45678;
    double b = 3.1415926;
    printf("%f, %f\n", a, b);
    printf("a = %5.3f, b = %7.2f\n", a, b);
    printf("a = %.3f, b = %.3f\n", a, b);
    printf("%e\n", a);
    return 0;
}
```

回答如下问题。

(1) 分析并写出程序的运行结果。

(2) 编译运行此程序,查看运行结果,并复制运行结果截图至实验报告。

【题目 4】 阅读如下程序。

```
# include < stdio.h >
int main()
{
    int a, b;
    char c;
    scanf("%3d%c%2d", &a, &c, &b);
    printf("a = %d, b = %d, c = %c\n", a, b, c);
    return 0;
}
```

回答如下问题。

(1) 若程序的运行结果为 a=500,b=20,c=W,则应该如何输入?

(2) 若输入 123456789,则程序的输出结果是什么? 请编译运行此程序,输入

123456789,查看运行结果,并复制运行结果截图至实验报告并简单解释。

（3）是否还有更好的输入方法?

【题目5】 编译运行如下程序。

```c
# include < stdio.h >
int main()
{
    int a,b,c;
    scanf("%2d%3*d%4d%d",&a,&b,&c);
    printf("a=%d,b=%d,c=%d\n",a,b,c);
    return 0;
}
```

回答如下问题。

（1）若输入 1234567890,程序的输出结果是什么? 输入 1234567890,查看运行结果,并复制运行结果截图至实验报告。

（2）简单解释程序运行结果。

（3）评价这种输入方法,并思考是否还有更好的输入方法。

【题目6】 一个圆柱体的底面圆的半径为 r,圆柱高为 h,求其底面周长、底面积和圆柱体体积。要求:用 scanf() 函数输入 r 和 h 的具体值,计算并输出相应的结果,输入和输出时要有文字说明,输出结果保留小数点后 4 位数字。

（1）请编写程序实现上述功能。

（2）编译运行此程序,查看运行结果,并复制运行结果截图至实验报告。

6.4 编程实战

编写代码实现学生成绩管理系统,包含成绩录入、成绩查询、成绩修改、成绩删除、成绩统计、成绩排序、成绩加载这七个功能,系统功能模块图如图 6-1 所示。

main() 函数首先调用 ReadScoreFromFile() 函数从 student.txt 文件读入学生成绩,提示共读入几个学生的成绩,显示功能菜单,并记录从键盘输入的功能选择序号。

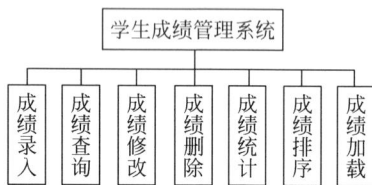

图 6-1　系统功能模块图

```c
# include < stdio.h >
int main() {
    int selectFunction;        //用于记录所选择的功能序号
    ReadScoreFromFile();
    printf("\n\t\t 已从文件 D:\\student.txt 中读入 %d 个学生的成绩数据\n",studentCount);
        printf("\n\n\t\t= = = = = 欢迎使用学生成绩管理系统 = = = = = =\n");
```

```
            printf("\n");
            printf("\t\t\t\t 1.添加学生成绩\n");
            printf("\t\t\t\t 2.删除学生成绩\n");
            printf("\t\t\t\t 3.修改学生成绩\n");
            printf("\t\t\t\t 4.按学生姓名查询成绩\n");
            printf("\t\t\t\t 5.按学生学号查询成绩\n");
            printf("\t\t\t\t 6.统计课程平均成绩\n");
            printf("\t\t\t\t 7.输出所有学生的成绩\n");
            printf("\t\t\t\t 8.按照总分降序对成绩进行排序\n");
            printf("\t\t\t\t 9.按照学号升序对成绩进行排序\n");
            printf("\t\t\t\t 0.保存数据退出系统\n");
            printf("\n");
            printf("\t\t\t 请输入您选择的功能序号:");
            scanf(" % d",&selectFunction);
            return 0;
        }
    }
```

这段代码是 main()函数的实现,它主要用于学生成绩管理系统的用户交互部分。代码分析如下。

(1) 变量定义:"int selectFunction;"用于记录用户选择的功能序号。

(2) 函数 ReadScoreFromFile():从文件 student. txt 中读取学生成绩数据,并更新 studentCount,studentCount 为学生数量,ReadScoreFromFile()函数的具体代码可在第 21 章中查看。

(3) 用户交互:代码通过一系列 printf()语句向用户展示了可用的功能选项,并通过 scanf()语句获取用户的选择(selectFunction)。用户输入的选择将决定接下来要执行哪个功能,但在这段代码中,并没有根据 selectFunction 的值来调用相应的函数或执行相应的操作。这通常会在一个 switch 语句或一系列 if-clsc 语句中实现。

6.5 思考与练习

(1) getchar()和 putchar()函数可以输入和输出字符,请问可以用它们输入和输出整型或者浮点型数据吗? 如果要输入和输出整型或浮点型数据应该用什么函数实现呢?

(2) 使用语句"int x,y;"定义变量 x 和 y,然后用语句"scanf("please input two number:%d%d",&x,&y);"输入数据,若要使 x 的值为 20,y 的值为 50,应如何输入?

(3) 编写程序,输入 3 个整数,要求按格式输出这 3 个整数(占 8 个字符,左对齐,中间用"|"号分隔)。

(4) 编写程序,输入一个浮点数并将其保存在双精度变量中,输出该浮点数(要求保留 8 位小数,占 16 个字符,右对齐输出)。

(5) 编写程序,按格式输入一个 3 位的整数、一个实数、一个字符。然后按格式输出以下四项内容,四项之间用逗号隔开:①整数占 8 个字符,左对齐;②实数占 10 个字符,右对齐,而且保留 2 位小数;③字符按实际输出;④输出该字符的 ASCII 码,占 4 个字符,右对齐。

第 7 章

选择结构程序设计

【课程思政】

（1）决策人生，责任在肩显担当：选择结构不仅是编程中的智慧之光，更是人生决策的艺术再现。在面对选择时要深思熟虑、勇于担当。每个决策都承载着对未来的期许与责任，我们应当成为生活中的智者，在关键时刻做出合理、负责任的决策，为自己和他人创造更美好的未来。

（2）批判性思维，照亮复杂问题的迷雾：在选择结构的编程实践中应当具备批判性思维。这种思维如同探照灯般照亮问题的每个角落，深入分析、准确判断；应当敢于质疑、勇于探索，在复杂环境中保持清醒的头脑做出正确的选择。培养这种能力，能够帮助大家在未来的道路上更加坚定和自信。

（3）灵活应变，适者生存展风采：选择结构的灵活性能够帮助读者在编程的海洋中如鱼得水。当面对变化时要冷静应对、迅速调整策略。这种适应性的培养能够使读者在未来的道路上更加从容不迫，无论遇到何种挑战都能展现出自己的风采和实力。

7.1 实验目的

（1）熟练掌握 if 语句的功能及其使用方法，以及 if 语句的嵌套。

（2）掌握 switch 语句的格式、功能及其使用方法。

（3）灵活使用 if 语句和 switch 语句进行选择结构的程序设计。

7.2 主要知识点

（1）if 语句有三种形式：单分支、双分支和多分支。

单分支格式为

```
if(表达式)
    语句;
```

当表达式为真时执行语句。

双分支格式为

```
if(表达式)
    语句 1;
else
    语句 2;
```

其中,表达式为真执行语句 1,否则执行语句 2,语句 1 和语句 2 必须执行一个。

多分支格式为

```
if(表达式 1)
    语句 1;
else if(表达式 2)
    语句 2;
else if(表达式 3)
    语句 3;
…
else
    语句 n;
```

可以有多个分支,然后选择一个分支执行。

还要注意的是,if 语句的嵌套中 else 总是与它上面最靠近的未配对的 if 匹配,if 语句的嵌套可以很复杂,所以为了让程序容易阅读,一般在嵌套中加入适当的花括号。

（2）switch 语句是选择控制结构的一部分,它允许程序根据一个变量的取值情况,执行多个代码块中的一个。switch 后面的括号内的"表达式"是一个整型或者字符类型的表达式。switch 语句在某些时候可以替代 if 的多分支语句,通过表达式的值将程序分为多个分支使程序的可读性更好,但是一定要与 break 语句一起使用才能够实现多分支。值得注意的是,并不是所有 if 多分支都能被 switch 语句替代。

7.3　实验内容

【题目 1】　输入三个整数保存到变量 a,b,c 中,求这三个整数的最小值并输出。

（1）请编写程序实现上述功能。

（2）编译运行此程序,查看运行结果,并复制运行结果截图至实验报告。

【题目 2】　输入一个字母存入变量 ch 中,判断该字母是小写字母还是大写字母并输出相应的信息。

（1）请编写程序实现上述功能。

（2）编译运行此程序,查看运行结果,并复制运行结果截图至实验报告。

【题目 3】　分析下面的程序,写出运行结果,并上机运行验证自己的分析结果是否正确。

```
#include <stdio.h>
int main()
{
    int a,b,c;
    printf("请输入 a,b,c:");
    scanf("%d,%d,%d",&a,&b,&c);
    if(a<b)
        if(b<c)
            printf("最大值为:%d\n",c);
        else                                    //第 10 行
            printf("最大值为:%d\n",b);           //第 11 行
    else                                        //第 12 行
        if(a<c)
            printf("最大值为:%d\n",c);           //第 14 行
        else                                    //第 15 行
            printf("最大值为:%d\n",a);
    return 0;
}
```

注意分析 if 和 else 的搭配关系,在书写程序时,一定要按层次关系进行缩进,可以加上花括号,以便更容易地分辨程序的层次关系。

回答如下问题。

(1) 简单叙述该程序的功能,并复制运行结果截图至实验报告。

(2) 第 10 行的 else 隐含的条件是什么? 或者说什么条件下执行第 11 行的语句?

(3) 第 12 行的 else 隐含的条件是什么?

(4) 什么条件下执行第 14 行的语句?

(5) 第 15 行的 else 隐含的条件是什么?

扩展练习:求三个数的最大值除了使用条件的嵌套,肯定还有其他更好的方法,请编程实现。编译运行此程序,查看运行结果,并复制程序以及运行结果截图至实验报告。

【题目 4】 有如下函数:

$$y=\begin{cases}x, & x<0 \\ 2x-5, & 0\leqslant x<50 \\ 3x-10, & 50\leqslant x\end{cases}$$

输入 x 的值,输出 y 值。

(1) 请编写程序实现上述功能。注意表达式的书写方法。

(2) 编译运行此程序,查看运行结果,并复制运行结果截图至实验报告。

【题目 5】 输入一个字符存入变量 ch 中,根据该字符的 ASCII 码值判断并输出字符的类型,即字母、数字、空格或其他字符。

(1) 请编写程序实现上述功能。

（2）编译运行此程序，查看运行结果，并复制运行结果截图至实验报告。

【题目 6】 下面的程序的功能为输入 1～6 的一个数字，输出该数字对应月份的英语单词。例如，输入 3，则输出 March。

```
# include < stdio. h>
int main()
{
    int m;
    printf("请输入 1～6 的一个数字:");
    scanf("% c",&m);
    switch(m)
    {
        case 1: printf("January\n");
        case 2: printf("February\n");
        case 3: printf("March\n");
        case 4: printf("April\n");
        case 5: printf("May\n");
        case 6: printf("June\n");
    }
    return 0;
}
```

（1）请改正程序中存在的逻辑错误，使程序能正常运行。

（2）编译运行此程序，查看运行结果，并复制运行结果截图至实验报告。

【题目 7】 输入一个年、月，输出该月份的天数。

提示：1、3、5、7、8、10、12 月有 31 天，4、6、9、11 月有 30 天，闰年 2 月为 29 天，非闰年 2 月为 28 天。

（1）请编写程序实现上述功能。

（2）编译运行此程序，查看运行结果，并复制运行结果截图至实验报告。

7.4 编程实战

编写代码实现学生成绩管理系统，包含成绩录入、成绩查询、成绩修改、成绩删除、成绩统计、成绩排序、成绩加载这七个功能。学生信息包括姓名、学号、语文成绩、数学成绩、英语成绩、总分。

main()函数首先调用 ReadScoreFromFile()函数从 student. txt 文件读入学生成绩，提示共读入几个学生的成绩，并显示功能菜单，利用 switch 多分支选择结构语句来判断选择哪个功能，再使用 while 循环来实现每执行完一个功能后再次显示功能菜单，供用户选择功能。

在 6.5 节代码的基础上继续完善代码，具体的实现代码如下。

```
# include < stdio. h>
int studentCount;
int main() {
    int selectFunction;        //用于记录所选择的功能序号
    ReadScoreFromFile();
    printf("\n\t\t 已从文件 D:\\student. txt 中读入 %d 个学生的成绩数据\n", studentCount);
    while(1) {//此处的循环是为了在执行完所选功能后,再次显示功能菜单
        printf("\n\n\t\t = = = = = = 欢迎使用学生成绩管理系统 = = = = = = \n");
        printf("\n");
        printf("\t\t\t\t 1.添加学生成绩\n");
        printf("\t\t\t\t 2.删除学生成绩\n");
        printf("\t\t\t\t 3.修改学生成绩\n");
        printf("\t\t\t\t 4.按学生姓名查询成绩\n");
        printf("\t\t\t\t 5.按学生学号查询成绩\n");
        printf("\t\t\t\t 6.统计课程平均成绩\n");
        printf("\t\t\t\t 7.输出所有学生的成绩\n");
        printf("\t\t\t\t 8.按照总分降序对成绩进行排序\n");
        printf("\t\t\t\t 9.按照学号升序对成绩进行排序\n");
        printf("\t\t\t\t 0.保存数据退出系统\n");
        printf("\n");
        printf("\t\t\t 请输入您选择的功能序号:");
        scanf(" %d", &selectFunction);
        switch(selectFunction) {
            case 1: AddStudent();break;
            case 2: DelStudent();break;
            case 3: UpdateStudent();break;
            case 4: SearchByName();break;
            case 5: SearchByNumber();break;
            case 6: Avearage();break;
            case 7: ShowStudent();break;
            case 8: DecTotal();break;
            case 9: AscNumber();break;
            case 0: SaveScoreToFile();return 0;
        }
    }
    return 0;
}
```

这段代码是一个学生成绩管理系统的核心部分,它包含了一个全局变量 studentCount 和 main()函数。main()函数中有一个 while 循环体,用于不断显示功能菜单并根据用户的输入进行处理,以下是对代码的分析。

(1)全局变量 studentCount:这个全局变量用于存储当前系统中的学生数量。它应该在读取文件时被更新,以反映从文件中实际读取的学生数量。

(2)main()函数:main()函数中的无限循环体是系统的核心,它不断地显示功能菜单,提醒用户输入菜单编号,并根据用户的输入调用相应的函数进行处理,直到用户输入 0,才会保存数据并退出程序。

7.5　思考与练习

（1）使用 if 的双分支结构，可以很简单求两个数或者三个数的最大值或者最小值，能否不用 if 语句和 switch 语句实现求三个数的最大值？编程实现并输出最大值。

（2）需要注意的是，switch 语句必须与 break 语句一起使用才能实现多分支。请思考，switch 语句能够完全替代 if 的多分支语句吗？举例说明。

（3）编写程序，输入三个整数，使用 if 语句单分支实现从小到大排序输出。请思考，要排序多少次，才能够实现从小到大输出？

（4）前面已经学过输入三个整数，求这三个整数的最大值或者最小值。请再编写程序，求这三个整数的中间值。

（5）编写程序，输入三条边长 a、b、c，如果这三条边不能构成三角形，则输出不能构成三角形的提示信息；如果能构成三角形，再判断该三角形是等边三角形、直角三角形、还是其他三角形。

第8章

循环结构程序设计（一）

【课程思政】

（1）毅力之光，照亮前行之路：循环结构的学习，是编程路上的一次重要攀登。面对重复和烦琐的编程工作，坚持不懈是唯一的钥匙。正如人生中的许多挑战，只有持续努力，才能突破自我，迈向新的高度。在循环结构的设计中，明确的目标和清晰的路径是成功的关键。同样，在人生的旅途中，设定明确的目标，并为之不懈努力，是实现梦想的重要步骤。

（2）效率为翼，实现资源优化之梦：优化循环结构，旨在提升程序的执行效率，减少不必要的计算和资源消耗。这不仅是编程技巧的展现，更是对资源高效利用的追求。应当将这种理念融入日常生活，学会在有限的时间和资源内，实现最大的价值。在编程的实践中，不仅要关注程序的正确性，还要关注其效率和对环境的影响。通过优化循环结构，为节能减排贡献一份力量，实现技术与环保的和谐共生。

8.1 实验目的

（1）掌握 while 语句和 do-while 语句的格式、功能及其使用方法。

（2）掌握 for 语句的格式、功能及其使用方法。

（3）掌握包含循环、选择结构的稍复杂程序设计，以及循环程序的调试方法和技巧。

8.2 主要知识点

（1）while 循环和 do-while 循环是两种常用的循环结构。它们的区别如下。

① 条件判断时机不同：while 循环在每次执行循环体之前对条件进行判断，如果条件为假，则不执行循环体；而 do-while 循环先执行一次循环体，然后再对条件进行判断。

② 循环体执行次数不同：如果条件一开始就为假，while 循环一次都不执行循环体；而 do-while 循环会执行一次循环体。总之，while 循环先判断后执行，而 do-while 循环先执行后判断。

（2）while 循环和 do-while 循环的联系如下。

① 两种循环结构都可以用于重复执行一段代码,直到满足特定条件为止。

② 无论是 while 循环还是 do-while 循环,都可以通过修改循环条件来控制循环的执行次数,另外都可以使用 break 和 continue 语句来控制循环的流程。

(3) for 语句的格式为

```
for(表达式 1; 表达式 2; 表达式 3)
    循环体
```

要特别注意圆括号里面必须用 2 个分号分隔 3 个表达式,注意即使表达式都省略 2 个分号也不能省略。for 语句适合各种情况下的循环控制,所以在以后的循环中用得最多,与 while 语句一样的是 for 语句也是一种先判断后执行的循环。当然 for 循环更适合如下形式。

```
for(循环变量赋初值; 循环条件控制; 循环变量递增或者递减)
    循环体
```

8.3　实验内容

【题目 1】　阅读如下程序。

```c
#include < stdio.h >
int main()
{
    int data;
    printf("请输入一个数:");
    scanf(" % d",&data);
    while(data)
    {
        printf(" % d,",data % 10);
        data = data / 10;
    }
    printf("\n");
    return 0;
}
```

回答如下问题。

(1) 简单叙述上面的程序实现的功能,若输入 123456,输出结果是多少? 编译运行此程序,查看运行结果,并复制运行结果截图至实验报告。

(2) 如果要求程序不输出最后一个逗号,应该如何修改? 请把修改后的程序以及运行结果截图至实验报告。

【题目 2】　下面的程序用于求解卖货问题:计算商家几天后能卖完 4092 件货物(第一天卖了总货物的一半多两件,以后每天卖剩下货物的一半多两件),请在横线处填空,使程序实现其功能并上机调试。

```
# include < stdio.h>
int main()
{
    int day,goods;
    day = 0;
    goods = 4092;
    while( ___①___ )
    {
        goods = ___②___ ;
        day++;
    }           //第11行
    printf("day = %d\n",day);
    return 0;
}
```

回答如下问题。

（1）填空代码分别是：① _____ ；② _____ 。

（2）编译运行此程序，查看运行结果，并复制运行结果截图至实验报告。

（3）在第11行前面添加一条语句"printf("day=%d,goods=%d\n",day,goods);"再运行程序，并复制运行结果截图至实验报告。认真观察运行结果，可以利用这种方法来输出中间结果进行检查填空是否有错。

【题目3】 阅读如下程序。

```
# include < stdio.h>
int main()
{
    int n, cnt = 0,sum = 0;
    do
    {
        cnt++;
        printf("请输入第%d个整数：",cnt);
        scanf("%d", &n);
        printf("你输入的数是：%d\n", n);
        sum = sum + n;
    } while (n != 0);
    printf("\n你输入了%d个整数\n",cnt);
    printf("和为%d,平均值为%.2f\n",sum,(double)sum/cnt); /*第14行*/
    return 0;
}
```

回答如下问题。

（1）编译运行此程序，按提示输入五个数，分别是10、20、30、40、0,查看运行结果，并复制运行结果截图至实验报告。

（2）如果不把0统计在求平均值中,如何处理（要求只能修改第14行代码）？

【题目 4】 下面的程序的功能是计算并输出 $s=1+1/2+1/3+\cdots+1/10$ 的结果。请将程序填充完整。

提示： 输出结果是 2.928968，填写时要注意数据类型。

```c
#include < stdio.h >
#include < math.h >
int main()
{
    int i;
    float s = 0;
    for(i = 1; i < = 10; i++)
        s = s + _____;
    printf(" % f\n",s);
    return 0;
}
```

回答如下问题。

(1) 填空代码是：_____。

(2) 编译运行此程序，查看运行结果，并复制运行结果截图至实验报告。

(3) 若将计算公式改为 $s=1-1/2+1/3-1/4+1/5\cdots-1/10$，程序应该如何修改（结果为 0.645635，可以增加新的变量来表示每项的正负号，初值设置为1）。把修改后的程序及运行结果截图复制到实验报告。

(4) 若将计算公式改为 $s=1-1/2+1/3-1/4+1/5\cdots-1/10$，程序应该如何填空（不能增加新行和增加新的变量，结果为 0.645635）。填空如下：_____。

【题目 5】 输入一行字符，以 Enter 键结束，分别统计这行字符中大写字母、小写字母、数字字符、空格和其他字符的个数。

(1) 请编写程序实现上述功能。

(2) 编译运行此程序，查看运行结果，并复制运行结果截图至实验报告。

【题目 6】 求序列 $2/1+3/2+5/3+8/5+\cdots$ 前 20 项之和。

(1) 请编写程序实现上述功能。

(2) 编译运行此程序，查看运行结果，并复制运行结果截图至实验报告。

8.4　编程实战

编写代码实现学生成绩管理系统，包含成绩录入、成绩查询、成绩修改、成绩删除、成绩统计、成绩排序、成绩加载这七个功能。其中，成绩统计功能要统计语文、数学、英语的平均分，学生的成绩保存在结构体数组 students 中，用 studentCount 变量记录学生数量，请使用 for 循环实现成绩统计功能，求出语文、数学、英语的平均分，具体代码如下所示。

Student 结构体如下：

```
struct Student {
    char name[20];                       //学生姓名
    char number[20];                     //学生学号
    int Chinese,math,English,total;      //语文、数学、英语成绩和总分
};
```

成绩统计功能函数如下：

```
/****** 分别统计并输出每门课的平均成绩 ******/
void Average() {
    double ChineseSum = 0,mathSum = 0,EnglishSum = 0;
    for (int i = 0; i < studentCount; i++) {
        ChineseSum += students[i].Chinese;
        mathSum += students[i].math;
        EnglishSum += students[i].English;
    }
    printf("\n\t\t 三门课的平均成绩:\n");
    printf("\t\t 语文平均分:%5.2f\n",ChineseSum/studentCount);
    printf("\t\t 数学平均分:%5.2f\n", mathSum/studentCount);
    printf("\t\t 英语平均分:%5.2f\n" ,EnglishSum/studentCount);
}
```

代码中的 ChineseSum、mathSum、EnglishSum 变量分别表示语文、数学、英语的总分。这段代码定义一个名为 Average 的函数，用于计算并输出学生群体中三门课程（语文、数学、英语）的平均分，下面是对这段代码的详细分析。

（1）变量定义："double ChineseSum＝0，mathSum＝0，EnglishSum＝0；"这行代码分别初始化三个 double 类型的变量，用于累加所有学生的语文、数学和英语成绩。

（2）遍历学生：使用一个 for 循环来遍历结构体数组 students，该结构体数组假设已经包含 studentCount 个学生的信息。每个学生信息包含语文、数学和英语成绩。在循环体内，通过 students[i]. Chinese、students[i]. math 和 students[i]. English 分别访问每个学生的三门课程成绩，并将它们分别累加到 ChineseSum、mathSum 和 EnglishSum 变量中。

（3）计算平均分：循环结束后，使用 printf()函数输出三门课程的平均分。平均分是通过将累加的总成绩除以学生的总数（studentCount）来计算的。这里使用%5.2f 格式说明符，意味着输出的浮点数将占据至少 5 个字符的宽度，并且小数点后将保留 2 位数字。

（4）输出：首先，输出一个换行和标题，表明接下来将输出三门课的平均成绩；然后，分别输出语文、数学和英语的平均分。

8.5　思考与练习

（1）for 语句的格式为

```
for(表达式 1; 表达式 2; 表达式 3)
    循环体
```

其实括号里面的表达式1、表达式2、表达式3都是可以省略的。例如,求1到 n 之和的程序可以书写如下。

```
for(i = 0; i <= n; i ++) { sum = sum + i; }
```

如果省略表达式 $i <= n$,则应该在循环体中加入什么语句,让循环能够正常结束,并实现求1到 n 之和呢?

(2) 前面的实验学过求两个数或者三个数的最大值或者最小值,现在如果要编写程序求 n 个数的最大值,应如何实现呢?

给出整数 n 和 n 个整数 $x_1,x_2,x_3,\cdots,x_n$,求这 n 个整数中的最大值并输出(n 和 n 个整数从键盘输入,输入的 n 大于或等于1)。

(3) 一个正整数,如果它能被5整除,或者它的十进制表示中某位数上的数字为5,则称其为与5相关的数。编写程序,输入一个正整数 n,求所有小于或等于 n 的与5无关的正整数的和。

例如,输入的 n 为10时,小于或等于10与5无关的正整数包括:1、2、3、4、6、7、8、9,这些数的和为40。

(4) 编写程序,验证结论:任何一个自然数 n 的立方都等于 n 个连续奇数之和。

例如,$1^3=1,2^3=3+5,3^3=7+9+11$。

(5) 编写程序,输入一批学生的成绩,遇到负数则输入结束,要求统计优秀($90\sim100$)、良好($80\sim89$)、中等($70\sim79$)、及格($60\sim69$)和不及格(小于60)的学生人数并输出。

第 9 章

循环结构程序设计（二）

【课程思政】

（1）逻辑严谨，细节之处见真章：循环结构程序设计要求编程者具备严密的逻辑思维能力，能够清晰地定义循环的起始、结束条件和循环体中的操作。这种逻辑思维能力不仅有助于编程，也是解决复杂问题的重要工具。在循环结构的设计中，每个细节都可能影响程序的性能和结果，因此，应当学会在细节之处精益求精，追求完美。

（2）迭代成长，循环中的自我超越：循环结构的学习是一个不断迭代、不断优化的过程。正如人生中的成长和进步，也是通过不断的学习和实践来实现的。我们应当保持开放的心态，勇于接受新的挑战和机遇。在循环结构的设计过程中，经常需要自我反思，我们应当学会从失败中汲取教训，从成功中总结经验，不断提升自己的编程能力和人生智慧。

9.1　实验目的

（1）掌握利用循环结构的嵌套解决实际问题的方法。

（2）掌握 break 和 continue 语句的功能及其使用方法。

（3）掌握包含循环结构、选择结构、break 和 continue 等的程序设计，提高分析问题、解决问题和程序设计的能力。

9.2　主要知识点

（1）循环嵌套是 C 语言中一种常见的控制结构，用于在一个循环中控制另一个循环执行的情况。这种结构可以用于处理多维数组、生成乘法表、输出图形等。值得注意的是每执行一次外循环，内循环都会完整执行一次，每层循环都有自己的初始化语句和终止条件。

（2）break 语句和 continue 语句是 C 语言中用于控制循环的两个语句。break 语句用于立即退出当前循环体，即使循环条件仍为真；而 continue 语句用于跳过当前循环体的剩余部分，并立即进行下一次循环的判断。

（3）break 语句和 continue 语句是不一样的。break 语句的作用是终止当前循环，循环中当触发某个条件不需要再继续循环时,就可以使用 break 语句来完成;循环中触发某个条件,而本次循环不需要再执行后续某些操作时,就可以使用 continue 语句来实现,但是不会结束循环,循环会继续。

9.3 实验内容

【题目 1】 下列程序的功能为输出 200 以内能被 7 整除且个位数为 8 的所有整数。请填空补充完整程序并上机调试。

```
# include < stdio. h>
int main()
{
    int i,j;
    for(i = 0;   ①   ;i++)
    {
        j = i * 10 + 8;
        if(   ②   ) continue;
            printf(" % d\n", j);
    }
    return 0;
}
```

回答如下问题。

(1) 填空:① _____ ;② _____ 。

(2) 扩展练习:编写程序,不用 continue,用其他方法实现上述功能。编译运行此程序,查看运行结果,并复制程序以及运行结果截图至实验报告。

【题目 2】 阅读如下程序。

```
# include < stdio. h>
int main()
{
    int sum = 0, i = 0;
    while(1)
    {
        i++;
        if (i % 2 != 0) continue;
        printf(" % d + ", i);
        sum = sum + i;
        if (sum >= 30) break;
    }
    printf("\b = % d\n", sum);
    return 0;
}
```

回答如下问题。

(1) 分析程序,写出运行结果。

(2) while(1)表示什么意思。

(3) 说明程序中 continue 和 break 的作用。

(4) 编译运行此程序,查看运行结果,验证分析结果是否正确,并复制运行结果截图至实验报告。简单叙述该程序可以实现什么功能。

【题目 3】 当输入一个整数 n 时,输出 n 行由大写字母组成的直角三角形。例如,输入 7 时,输出如下 7 行由大写字母组成的直角三角形(**提示**:用循环的嵌套实现)。

```
A
BB
CCC
DDDD
EEEEE
FFFFFF
GGGGGGG
```

(1) 请编写程序实现上述功能。

(2) 编译运行此程序,查看运行结果,并复制运行结果截图至实验报告。

【题目 4】 啤酒每罐 2.5 元,饮料每罐 2.1 元。小明买了若干啤酒和饮料,一共花费 83.3 元。请计算小明分别买了几罐啤酒和几罐饮料。

(1) 请编写程序实现上述功能。

(2) 编译运行此程序,查看运行结果,并复制运行结果截图至实验报告。

【题目 5】 输出 1000 以内的所有完数,完数是指该数等于该数的所有除自身之外的因子之和。例如,6＝1＋2＋3,28＝1＋2＋4＋7＋14。要求一行输出一个完数,格式为 6＝1＋2＋3。

(1) 请编写程序实现上述功能。

(2) 编译运行此程序,查看运行结果,并复制运行结果截图至实验报告。

9.4 编程实战

编写代码实现学生成绩管理系统,包含成绩录入、成绩查询、成绩修改、成绩删除、成绩统计、成绩排序、成绩加载这七个功能。其中,成绩排序功能包括"按总分降序对成绩进行排序",利用循环嵌套实现此功能,具体代码如下所示。

按总分降序对成绩进行排序的代码如下:

```
/******* 按总分降序对成绩进行排序 *****/
void DecTotal() {
    int max,K;
    struct Student t;
```

```
for (int i = 0; i < studentCount - 1; i++) {
    max = students[i].total,K = i;
    for (int j = i + 1; j < studentCount; j++)
        if (max < students[j].total)
            max = students[j].total,K = j;
    t = students[i];
    students[i] = students[K];
    students[K] = t;
}
printf("\t\t******* 按总分降序对成绩进行排序 ********\n");
ShowStudent();
SaveScoreToFile();
}
```

代码中的 studentCount 表示学生数量。

DecTotal()是成绩排序函数,用到的是经典的排序算法——选择排序。选择排序算法中使用 for 循环嵌套实现,外层循环控制比较元素的趟数,内层循环用于遍历结构体数组 students,找到每趟待排序元素的最大值下标并将其保存到 K 中,然后把待排序元素中的第一个元素 students[i]和最大值元素 students[K]交换即可。

外层循环 for(int i=0;i<studentCount-1;i++)负责控制比较元素的趟数。每趟排序时,都会将当前找到的最大值元素 students[K]与元素 students[i]交换,从而实现从大到小排序。内层循环 for(int j=i+1;j<studentCount;j++)负责遍历结构体数组 students。从当前的 i 开始,找到每趟待排序元素的最大值及其下标,并把最大值及其下标分别保存到 max 和 K 中。

ShowStudent()函数用于显示学生成绩,SaveScoreToFile()函数用于把按总分降序排序的学生成绩存于文件中,具体代码可在第 21 章中查看。

9.5　思考与练习

(1) break 和 continue 是两种控制循环流程的语句,一定要清楚这两个语句的不同作用。编程实现判断一个数是否为素数时,应该用 break 还是 continue 语句呢? 编程实现求 $1\sim n$ 中的偶数和时,如果一定要用到 break 和 continue 中的一个语句,应该用哪个语句呢?

(2) 有如下循环:

```
int i,j,k = 0;
for(i = 1;i < = 5;i++)
    for(j = i;j < = 5;j++)
        k++;
```

请问循环执行结束时,k 的值是多少? 分析并写出每次循环的执行过程。

(3) 编写程序,实现输入一个正整数 n,求 $1\sim n$ 的素数和,以及 $1\sim n$ 的偶数和并输出

（要求必须用到 break 和 continue）。

（4）有如下平方和不等式：

$$1^2 + 2^2 + \cdots + m^2 \leqslant n$$

编写程序，输入一个正整数 n，求上述平方和不等式的最大的 m 并输出（例如，输入 30，则输出 4）。

（5）自守数的定义是：一个自然数 n，如果它的平方的尾数等于该数本身，则称 n 为自守数。编写程序，输出 0～1000000 的自守数。要求小于 1000 的自守数在一行输出全部，中间用 1 个空格分隔，大于 1000 的自守数每行输出一个，必须用到 continue。

## 第 10 章

数组的构造与应用(一)

【课程思政】

(1) 细节之处显真章,责任重于泰山:数组的每个索引,如同人生旅途中的每个脚印,都需要准确而认真地踏下。这不仅能锻炼读者的编程技能,更能培养读者对待工作的细致态度和强烈的责任感。在编程的世界里,一个小小的错误可能导致整个程序的崩溃,正如在人生的道路上,一次疏忽可能偏离目标。因此,需时刻保持对细节的敬畏,用责任心为编程之路保驾护航。

(2) 有序管理,规划未来:数组可以对数据进行有序管理,这种有序管理的能力对于规划人生和事业同样至关重要。应当学会将大目标分解为小步骤,像数组一样有序地排列在人生的时间轴上。每一步都踏实前行,让未来之路更加清晰和坚定。

10.1 实验目的

(1) 学习在程序中定义一维数组,理解数组元素的访问和赋值方法,掌握数组在解决实际问题中的应用场景。

(2) 熟悉数组元素的遍历、查找、插入、删除、排序等常用操作,能够通过编程实现数组的上述操作,解决具体的问题。

10.2 主要知识点

(1) 数组的定义与初始化:了解数组的概念和类型(如整型数组);掌握数组的定义语法和初始化方法。

(2) 数组的访问与遍历:学会使用循环结构(如 for 循环)访问数组元素;理解数组下标的概念,能够正确访问数组中的每个元素。

(3) 数组的基本操作:掌握数组元素的插入、删除和排序等基本操作;了解数组元素的查找方法(如线性查找)。

10.3 实验内容

【题目1】 阅读如下程序。

```
#include<stdio.h>
#define N 10
int main()
{
    int i,a[N]={0};
    for(i=1; i<N; i++)
        a[i]=a[i-1]+i;
    for(i=0; i<N; i++)
        printf("%4d",a[i]);
    printf("\n");
    return 0;
}
```

回答如下问题。

（1）分析程序，写出运行结果。编译运行此程序，查看运行结果，验证分析结果是否正确，并复制运行结果截图至实验报告。

（2）简单叙述该程序实现的功能。

【题目2】 阅读如下程序。

```
#include<stdio.h>
#define N 5
int main()
{
    int i,a[N];
    float sum=0,avg;
    printf("请输入%d个成绩:",N);
    for(i=0;i<N;i++)
    {
        scanf("%d",&a[i]);
        sum=sum+a[i];
    }
    avg=sum/N;
    printf("平均分为:%.2f\n",avg);
    for(i=0;i<N;i++)                //第15行
        if(a[i]>=avg)               //第16行
            printf("%4d",a[i]);     //第17行
    printf("\n");
    return 0;
}
```

回答如下问题。

(1) 分析程序,若输入:40 50 65 75 85,则运行结果是什么? 把运行结果写出来。然后再编译运行此程序,查看运行结果,并复制运行结果截图至实验报告。最后比较一下分析结果和实际运行结果是否一样?

(2) 简单叙述第 15～17 行程序的功能。

【题目3】 从键盘输入 10 个整数,将其存入数组中,找出最大的数并输出该数及其在数组中的下标。

(1) 请编写程序实现上述功能。

(2) 编译运行此程序,查看运行结果,并复制运行结果截图至实验报告。

【题目4】 输入 n 个整数(n 由用户输入,不超过 100),并存入数组中,将数组元素逆序存放,输出逆序前和逆序后数组元素的值。

(1) 请编写程序实现上述功能。

(2) 编译运行此程序,查看运行结果,并复制运行结果截图至实验报告。

【题目5】 定义一个数组如下(已经从小到大排序):

```
int  a[11] = {1,5,9,11,15,18,25,30,50,80};
```

然后输入一个整数 number,把 number 插入这个数组中,插入之后保证其依然是从小到大的顺序排序(提示:若 number 比原来所有的数大时则放到数组的最后,比原来的所有的数小时则放到数组的最前面)。

(1) 请编写程序实现上述功能。

(2) 编译运行此程序,查看运行结果,并复制运行结果截图至实验报告。

【题目6】 输入一个时间(年月日),计算这一天是这一年中的第几天。

(1) 请编写程序实现上述功能。

(2) 编译运行此程序,查看运行结果,并复制运行结果截图至实验报告。

10.4 编程实战

编写代码实现学生成绩管理系统,包含成绩录入、成绩查询、成绩修改、成绩删除、成绩统计、成绩排序、成绩加载这七个功能。其中,成绩查询功能包括"根据学生学号进行查询",具体代码如下所示。

```
/********* 根据学生学号进行查询 *********/
void SearchByNumber() {
    bool searchFlag = false;        //查询到则为 true,否则为 false
    char number[20];
    printf("\n 请输入要查找学生的学号:\n");
    scanf(" % s",number);
```

```
    for (int i = 0; i < studentCount; i++)
        if(strcmp(students[i].number, number) == 0) {
            searchFlag = true;
            printf("\n学生姓名:%s\n", students[i].name);
            printf("学生学号:%s\n", students[i].number);
            printf("学生成绩分别如下:\n");
            printf("语文:%d\n",students[i].Chinese);
            printf("数学:%d\n",students[i].math);
            printf("英语:%d\n",students[i].English);
            printf("总分:%d\n", students[i].total);
            break;
        }
    if(!searchFlag){
        printf("学号【%s】不存在!",number);
    }
}
```

这段代码定义一个 SearchByNumber()函数,用于根据学生学号在 students 数组中查找学生信息,并输出该学生的详细信息。以下是对该函数的分析。

(1) 函数定义:void SearchByNumber()定义一个无参数也无返回值的函数,其目的是根据学生学号在 students 数组中查找并输出学生信息。

(2) 变量定义:bool searchFlag = false 定义一个布尔变量 searchFlag,用于标记是否找到匹配学号的学生,初始化为 false。char number[20]定义一个字符数组 number,用于存储用户输入的学号。

(3) 输入学号:通过 printf()函数和 scanf()函数,程序提示用户输入一个学号,并将其存储在 number 数组中。

(4) 遍历数组查找:使用 for 循环遍历 students 数组,i 从 0 到 studentCount−1。在每次迭代中,使用 strcmp()函数比较当前学生的学号(students[i].number)与用户输入的学号(number)。如果找到匹配项(即 strcmp 返回 0),则将 searchFlag 设置为 true,并输出该学生的详细信息。使用 break 语句跳出循环,因为一旦找到匹配项,就没有必要继续搜索。

(5) 处理未找到情况:如果循环结束后 searchFlag 仍为 false,则说明没有找到匹配学号的学生。使用 if(!searchFlag)检查这一点,并输出一条消息说明学号不存在。

10.5 思考与练习

(1) 如何在一维数组中实现二分查找算法?

提示:首先确认数组已经排序,然后利用二分查找的思想,通过不断缩小查找范围来快速定位元素位置。

(2) 如何实现一个数组的快速排序算法?

提示:快速排序是一种高效的排序算法,其核心思想是选取一个基准元素,通过一趟排序将待排序的数据分割成独立的两部分,其中一部分的所有数据都比另一部分的所有数据要小,然后再按此方法对这两部分数据分别进行快速排序,整个排序过程可以递归进行,以达到将所有数据变成有序序列。

(3) 如果数组中的元素个数非常多或者非常少,如何有效地管理内存空间?

提示:可以考虑使用动态数组(如 C 语言中的指针和动态内存分配),根据实际需要动态地调整数组的大小,以节约内存空间。

(4) 有哪些方法可以实现将数组元素逆序存放?

提示:可以直接在原数组上进行逆序操作,也可以借助额外数组。

第 11 章

数组的构造与应用(二)

【课程思政】

(1) 多维智慧,洞察万象:二维数组如同多维世界的窗口,我们应学会从多个角度审视问题,培养全面而深刻的洞察力。这种能力不仅有助于应对复杂的编程挑战,还能在日常生活决策中展现更高的智慧。

(2) 信息安全,责任重于泰山:在处理字符串和加密解密的过程中,不仅要关注技术的实现,更要深刻理解信息安全的重要性。守护数据安全,就是守护用户的信任和社会的稳定。这份责任如同泰山般沉重,应时刻铭记在心。

(3) 匠心独运,细水长流:二维数组的调试过程如同匠人雕琢艺术品,需要耐心与细致。在编程的过程中,应当学会静心沉淀,以匠人之心对待每行代码。只有这样,才能在复杂的编程世界中找到解决问题的钥匙。

11.1　实验目的

(1) 理解二维数组的定义、初始化、访问和遍历方法,能够利用二维数组解决实际问题。

(2) 了解字符数组与字符串的关系,掌握字符数组的基本操作,包括定义、赋值、遍历和输出等。

(3) 熟悉字符串的输入输出、拼接、比较、查找、替换等操作方法,能够编写程序处理字符串数据。

(4) 在掌握一维数组的基础上,进一步拓展数组的应用场景,提高编程能力和问题解决能力。

11.2　主要知识点

(1) 二维数组的定义与初始化:掌握二维数组的定义语法和初始化方法,理解二维数组在内存中的存储结构。

(2) 二维数组的访问与遍历:学会使用循环嵌套结构访问二维数组的元素,理解行索引和列索引的概念。

(3) 字符数组与字符串：了解字符数组与字符串的区别与联系,掌握字符串的输入输出、长度计算、拼接、比较等基本操作。

(4) 字符串处理函数：熟悉常用的字符串处理函数,如 strlen()、strcat()、strcmp()等,能够灵活运用这些函数处理字符串数据。

11.3 实验内容

【**题目1**】 阅读如下程序。

```c
# include < stdio. h>
int main()
{
    int i,j;
    int a[3][4] = {1,2,3,4,5,6,7,8,9,10,11,12};
    int sum = 0;
    for(i = 0;i < 3;i++)
        for(j = 0;j < 4;j++)
            if(j % 2 == 1 || i % 2 == 1)
                sum += a[i][j];
    printf("sum = % d\n", sum);
    return 0;
}
```

回答如下问题。

(1) 分析程序,并写出程序的运行结果。

(2) 编译运行此程序,查看运行结果,并将运行结果的截图复制到实验报告中。检查报告中的结果是否与之前分析的结果一致。如果存在差异,请简要说明计算过程中的错误所在。

【**题目2**】 计算 $n \times n$ 方阵的对角线上所有元素之和并输出。注意,n 是一个整数,由用户从键盘输入($1 \leqslant n \leqslant 20$)。

(1) 请编写程序实现上述功能。

(2) 编译运行此程序,查看运行结果,并复制运行结果截图至实验报告。

【**题目3**】 输出一个 n 行的直角杨辉三角形。注意,n 是一个整数,由用户从键盘输入($1 \leqslant n \leqslant 15$)。

例如,6行的直角杨辉三角形输出如下(注意,实际输出时域宽设置为5,左对齐):

```
1
1  1
```

```
1 2 1
1 3 3 1
1 4 6 4 1
1 5 10 10 5 1
```

（1）请编写程序实现上述功能。

（2）编译运行此程序，查看运行结果，并复制运行结果截图至实验报告。

【题目4】 下面程序的功能是：在一个字符串中查找指定字符出现的次数，请补充完整程序并上机调试。

```c
#include <stdio.h>
int main()
{
    char ch,s[80];
    int i,d;
    printf("请输入一个字符串:");
    gets(s);
    printf("请输入要查找的字符:");
    scanf("%c",&ch);
    d=0;        //变量 d 为统计字符 ch 在字符串 s 中出现的次数
    for(i=0;   ①   ;i++)
        if(s[i]==ch)   ②   ;
    printf("%s中共出现%d次%c\n",s,d,ch);
    return 0;
}
```

（1）程序填空：① _____ ；② _____ 。

（2）编译运行此程序，查看运行结果，并复制运行结果截图至实验报告。

【题目5】 输入一个字符串，然后判断该字符串是否为"回文"（顺读和倒读都一样的字符串称为"回文"，如：level）。

（1）请编写程序实现上述功能。

（2）编译运行此程序，查看运行结果，并复制运行结果截图至实验报告。

【题目6】 输入一个包含数字和字母的字符串，以 Enter 键结束，将该字符串中的数字字符提取出来拼成一个整数后输出（例如，输入的字符串为 I am 2，you are 34，she is 78，则提取的数字为 23478）。

（1）请编写程序实现上述功能。

（2）编译运行此程序，查看运行结果，并复制运行结果截图至实验报告。

11.4　思考与练习

（1）如何实现二维数组转置？

提示：转置是指将二维数组的行列互换，即原数组的第 i 行第 j 列元素变为转置后数

组的第 j 行第 i 列元素。可以通过遍历原数组,将元素复制到转置数组的相应位置来实现。

(2) 如何判断一个二维数组是否为"魔方阵"?

提示:魔方阵(又称幻方)是一种将数字排列在正方形格子中,使每行、每列和对角线上的数字之和都相等的方阵。可以通过遍历二维数组,分别计算行、列和对角线上的数字之和,判断它们是否相等来判断该二维数组是否为魔方阵。

(3) 如何实现一个字符串的逆序输出?

提示:逆序输出是指将字符串中的字符顺序颠倒后输出。可以通过遍历字符串,将各字符从后向前逐个插入另一个字符串中实现,或者利用栈等数据结构实现逆序输出。

(4) 总结在处理字符串时避免缓冲区溢出的方法。

提示:缓冲区溢出是一种常见的安全漏洞,可能导致程序崩溃或被恶意利用。在处理字符串时,应确保目标缓冲区的大小足够大,以容纳要复制或追加的字符串数据。此外,还可以使用安全的字符串处理函数(如 strncpy()、strncat()等)来避免缓冲区溢出。

第 12 章

函数的应用(一)

【课程思政】

（1）规则为舵,责任为帆:函数的编写和使用必须遵循严格的语法规则,这是编程的基石。对代码质量负责,确保每个函数都能精确无误地完成其预定任务。这种对规则的敬畏感和对责任的承担精神,将驱动我们在编程领域持续进步与发展。

（2）抽象之美,创新之源:函数是编程中的魔法棒,能够将复杂问题抽象并简化处理。在这个过程中,我们应学会抽象思考和创新设计。每个创新的函数定义都是对思维的一次飞跃和升华。

（3）诚信为本,责任同行:参数传递是函数间沟通的桥梁,每个参数的准确传递都直接关系到程序的成败。因此,应当关注每个细节,确保参数传递的正确性和有效性。只有这样,程序才能在细节之处展现出其独特的光彩。

12.1 实验目的

（1）了解函数在编程中的基本概念,能根据需要定义具有特定功能的函数。

（2）学会在程序中调用已定义的函数,以实现代码的模块化和复用。

（3）初步掌握函数参数之间的数据传递方式:理解并掌握函数参数如何通过值传递方式在函数间进行数据交换。

12.2 主要知识点

（1）函数的定义与声明:包括函数的返回类型、函数名、参数列表等基本概念。

（2）函数的调用:包括如何调用已定义的函数,以及如何处理函数的返回值。

（3）函数参数传递:理解并掌握值传递和引用传递(需要语言支持)等参数传递方式。

12.3 实验内容

【题目 1】 阅读如下程序。

```
# include < stdio. h >
int max( int x, int y)
{
    if(x > y)return x;
    else return y;
}
int main()
{
    int a, b, c, m;
    scanf(" % d % d % d", &a, &b, &c);
    m = max(a, b);
    m = max(m, c);
    printf("max = % d\n", m);
    return 0;
}
```

回答如下问题。

(1) 简述 max()函数的功能。

(2) 简述主函数的功能。

(3) 编译运行此程序,查看运行结果,并复制运行结果截图至实验报告。

【题目2】 阅读如下程序。

```
# include < stdio. h >
# include < math. h >
int isprime( int n)
{
    int i, y;
    y = ( int) sqrt(n);
    for(i = 2; i < = y; i++)
        if(n % i == 0) return 0;
    return 1;
}
int main()
{
    int sum = 0, n, k = 0;
    for(n = 2; n < = 100; n++)
        if(isprime(n))
        {
            sum = sum + n;
            k++;
        }
    printf("k = % d, sum = % d\n", k, sum);
    return 0;
}
```

回答如下问题。

（1）简述 isprime()函数的功能。

（2）简述主函数的功能。

（3）编译运行此程序，查看运行结果，并复制运行结果截图至实验报告。

【题目 3】 阅读如下程序。

```c
# include < stdio. h >
int fun( int a, int b)
{
    a = a * a;
    b = b * b;
    return a + b;
}
int main()
{
    int m, n, c;
    m = 3; n = 4;
    c = fun(m, n);
    printf("m = % d, n = % d, c = % d\n", m, n, c);
    return 0;
}
```

回答如下问题。

（1）分析程序，并写出运行结果。

（2）请指出该程序中的形参和实参。

（3）实参和形参采用哪一种传递方式？通过这种方式进行参数传递，形参会不会影响实参？

（4）编译运行此程序，查看运行结果，并复制运行结果截图至实验报告。

【题目 4】 编写函数 int odd(int n)判断 n 是否为奇数，若是则返回 1，否则返回 0。然后在主函数中从键盘输入一个整数，调用该函数判断输入的数是奇数还是偶数并输出相关信息。

（1）请编写程序实现上述功能。

（2）编译运行此程序，查看运行结果，并复制运行结果截图至实验报告。

【题目 5】 编写一个函数实现求整数 a～整数 b 的整数之和，并返回整数和。然后在主函数中实现输入 2 个整数，调用函数并输出整数和。

（1）请编写程序实现上述功能。

（2）编译运行此程序，查看运行结果，并复制运行结果截图至实验报告。

【题目 6】 编写函数 int prime(int n)判断 n 是否是素数，若是则返回 1，否则返回 0。然后在主函数中从键盘输入一个整数，调用该函数判断输入的数是否是素数并输出相关信息。

（1）请编写程序实现上述功能。

(2) 编译运行此程序,查看运行结果,并复制运行结果截图至实验报告。

12.4 编程实战

编写代码实现学生成绩管理系统,包含成绩录入、成绩查询、成绩修改、成绩删除、成绩统计、成绩排序、成绩加载这七个功能。需要显示全部学生的成绩,具体代码如下。

```
/****** 显示全部学生的成绩 ******/
void ShowStudent() {
    printf("\n");
    printf("\t\t|学生姓名|学生学号|语 文|数 学|英 语|总 分|\n");
    for (int i = 0; i < studentCount; i++) {
        printf("\t\t| %-8s| %-8s| %4d | %4d | %4d | %4d\n",
    students[i].name,students[i].number,students[i].Chinese,students[i].math,students[i]
    .English, students[i].total);
    }
}
```

这段代码定义一个 ShowStudent()函数,该函数用于遍历一个名为 students 的全局或外部定义的 Student 结构体数组,并显示每个学生的姓名、学号以及各科成绩和总分。下面是对这段代码的分析。

(1) 函数定义:void ShowStudent()函数是一个没有返回值的函数(void 类型),名为 ShowStudent。

(2) 显示表头:首先,通过 printf("\n");输出一个换行符,以确保表头之前有一个空行,使输出更加清晰。然后,使用 printf()函数输出一个格式化的表头,包含学生的姓名、学号以及各科成绩的标题。\t\t 用于在输出中增加水平制表符(tab),以对齐列。|字符用于创建类似于表格的边框。

(3) 遍历并显示学生成绩:使用 for 循环遍历 students 数组,索引 i 从 0 开始,直到 studentCount−1。在循环体内,使用 printf()函数输出每个学生的详细信息。这里使用格式说明符"%-8s"来格式化输出,表示输出一个字符串,左对齐,并占据至少 8 个字符的宽度。如果字符串长度小于 8,则右侧将填充空格。这对于对齐姓名和学号很有用。"%4d"表示输出一个整数,占据至少 4 个字符的宽度。这对于对齐数字(成绩和总分)很有用。每个学生的信息都按照表头的格式输出,确保输出的整齐和可读性。

12.5 思考与练习

(1) 请思考函数的作用域是什么?在定义函数时,如何确保函数内部的变量不会影响到函数外部的变量?

（2）比较值传递和地址传递的优缺点。请思考两种传递方式的具体应用场景。

（3）请举例说明如何在编程实践中应用函数复用和模块化思想，以提高代码的可读性和可维护性？

（4）请思考，在编写函数时，如何合理地进行错误处理？请给出至少两种常见的错误处理方式，并举例说明。

第 13 章

函数的应用（二）

（1）层次井然，逻辑如诗：函数嵌套如同经纬交织，编织出程序的框架，每层深入都是对复杂逻辑的细腻拆解。它不仅简化了问题，还赋予了代码层次分明的美感，就像诗歌一样，结构清晰，韵律和谐。在函数嵌套所构建的奇妙世界里，编程变成了一种创造性的艺术表达，让思维的深度与广度得到完美的展现。

（2）勇攀高峰，迭代前行：递归函数，编程世界的"勇者试炼场"，它引领着编程者深入探究问题的本质，通过自我递归逐步逼近答案。每次递归过程，都是对思维边界的挑战，展现了坚持与毅力的力量。正如攀登高峰，尽管路途充满艰难险阻，但每一步的执着前行都让顶峰更加触手可及。

（3）逻辑思维，解谜高手：递归设计，是对逻辑思维与问题解决能力的终极考验。面对错综复杂的问题，我们需要化身为解谜高手，运用递归这一强大工具，抽丝剥茧，逐步揭开问题的面纱。这一过程不仅提升了我们的编程技能，还能帮助我们在面对生活难题时更加从容不迫，找到有效解决问题的方案。

（4）边界之内，自我超越：递归的边界条件，是编程的智慧之门。在追求无限可能的同时，也要设定明确的界限，避免迷失方向。这种自我约束的精神，能使我们在自由与规则之间寻求最佳平衡点，从而实现自我超越与成长。

13.1 实验目的

（1）理解函数声明的必要性和方法，能够编写并调用嵌套函数，实现复杂逻辑的分解与复用。

（2）了解递归函数的基本原理，能够设计并实现递归函数以解决特定问题。

（3）深入理解递归函数的调用栈和执行流程，能够调试并解决递归函数中的常见问题，如栈溢出等。

13.2　主要知识点

（1）函数的声明与定义：掌握函数声明的语法和规则，以及如何在程序中定义函数。

（2）函数的嵌套调用：理解函数如何调用其他函数，以及如何在函数内部调用自身（递归调用）的概念。

（3）递归函数的原理与实现：了解递归函数的基本概念和原理，能够设计并实现递归函数解决具体问题。

（4）递归函数的调试与优化：学会调试递归函数中的错误，了解递归函数的执行流程和性能特点，能够进行简单的性能优化。

13.3　实验内容

【题目1】　下面程序有错误，请阅读程序并回答如下问题。

```
# include < stdio. h >
int main()
{
    printf("sum = % f\n",mysum(1,2,3.5));
    return 0;
}
double mysum(double a,double b,double c)
{
    double z;
    z = a + b + c;
    return z;
}
```

（1）列举上述程序的修改方案，分别详细阐述每种修改方法的具体内容，并通过截图的方式在程序中添加相应的注释来辅助说明。

（2）编译运行修改后的程序，查看运行结果，并复制运行结果截图至实验报告。

【题目2】　编写2个函数，功能如下：

myfun1(int n)用来实现求 n 的阶乘；

myfun2(int n)用来实现求（1+2+3+…+n）的阶乘。

然后在主函数调用 myfun2()函数实现计算 sum＝(1+2)!＋(1+2+3)!＋(1+2+3+4)!＋(1+2+3+4+5)!的值并输出。

（1）请编写程序实现上述功能。

（2）编译运行此程序，查看运行结果，并复制运行结果截图至实验报告。

【题目3】　阅读如下程序。

```
# include < stdio. h >
int fib(int n)
{
    if(n > 2) return fib(n - 1) + fib(n - 2);
    else return 2;
}
int main()
{
    printf("fib(6) = % d\n",fib(6));
    return 0;
}
```

回答如下问题。

(1) 分析程序,并写出程序的运行结果。

(2) 编译运行此程序,查看运行结果,并复制运行结果截图至实验报告。将实际运行结果与分析结果对比,确认它们是否一致。

(3) 简单叙述程序中 fib()函数的功能。

【题目4】 编写递归函数 int mysum(int n),功能是实现求 1~n 之和并返回。然后在主函数中输入整数 n,调用 mysum()函数求 1~n 之和并输出。

(1) 请编写程序实现上述功能。

(2) 编译运行此程序,查看运行结果,并复制运行结果截图至实验报告。

【题目5】 编写递归函数 mypow(int m,int n)计算 m^n。然后在主函数中输入整数 m 和 n,并调用 mypow()函数求 m 的 n 次幂并输出。

(1) 请编写程序实现上述功能。

(2) 编译运行此程序,查看运行结果,并复制运行结果截图至实验报告。

【题目6】 编写递归函数 gcd(int m,int n)计算 m 和 n 的最大公约数并返回。然后在主函数中输入两个整数并调用 gcd()函数求这两个整数的最大公约数并输出。

(1) 请编写程序实现上述功能。

(2) 编译运行此程序,查看运行结果,并复制运行结果截图至实验报告。

13.4 编程实战

编写代码实现学生成绩管理系统,包含成绩录入、成绩查询、成绩修改、成绩删除、成绩统计、成绩排序、成绩加载这七个功能。其中,成绩排序包括按学号升序对成绩进行排序,功能具体代码如下。

```
/******* 按学号升序对成绩进行排序 ******/
void SortStudentsByNumber() {
    int K;
    char min[20];
    struct Student t;
```

```
    for (int i = 0; i < studentCount - 1; i++) {
        strcpy(min, students[i].number),K = i;
        for (int j = i + 1; j < studentCount; j++)
            if (strcmp(students[j].number,min) < 0){/* 对于 strcmp 函数,min 大于
students[j].number 时,结果小于 0 */
                strcpy(min, students[j].number);
                K = j;
            }
        t = students[i];
        students[i] = students[K];
        students[K] = t;
        }
    printf("\t\t******* 按学号升序对成绩进行排序******\n");
    ShowStudent();
    SaveScoreToFile();
}
```

这段代码的目的是按照学生的学号(number 字段)对存储在结构体数组 students 中的数据进行升序排序,下面是对代码的分析。

(1) 变量定义。

"int K;"用于存储当前找到的最小(或是字典序上最前)学号的索引。

"char min[20];"用于存储当前找到的最小学号的字符串表示。

"struct Student t;"结构体临时变量,用于在排序过程中交换两个 Student 结构体变量。

(2) 排序逻辑。

这里采用的仍然是经典的选择排序算法。排序方法与第 9 章的成绩排序函数 DecTotal()一样,在此不再赘述。需要强调的是由于学号是字符串,保存在数组中,所以复制字符串用到了 strcpy()函数,比较字符串时用到了 strcmp()函数。

(3) 输出和后续处理。

排序完成后,输出一条消息表示排序已完成。调用 ShowStudent()函数显示排序后的学生信息(假设该函数已正确定义)。调用 SaveScoreToFile()函数将排序后的学生信息保存到文件中(同样假设该函数已正确定义)。

(4) 库函数知识点。

strcpy():这是 C 标准库中的函数,用于复制字符串。它的原型定义在 string.h 头文件中。strcpy(dest, src)将 src 指向的字符串(包括终止的空字符)复制到 dest 指向的数组中。

strcmp():这也是 string.h 中的函数,用于比较两个字符串。如果 str1 和 str2 字符串相等,则 strcmp(str1, str2)返回 0;如果 str1 在字典序上小于 str2,则返回负值;如果 str1 在字典序上大于 str2,则返回正值。

printf()和 scanf():虽然这两个函数没有在排序函数中直接使用,但它们是 C 标准库

stdio.h 中用于输入输出的重要函数。printf()用于输出格式化的字符串,而 scanf()用于从标准输入读取格式化的输入。

13.5 思考与练习

(1)请比较递归函数和迭代函数在解决问题时的优缺点,并举例说明递归函数的适用场景。

(2)递归函数在执行过程中会占用大量的栈空间,请分析这一现象,并讨论如何有效管理递归函数中的内存使用,避免栈溢出等问题。

(3)请列举几个递归函数在实际编程中的应用场景,并简要说明其实现原理和过程。

(4)对于某些递归函数,可以尝试使用非递归的方式(如迭代)来实现相同的功能。请选择一个递归函数,并尝试用非递归的方式重写它,比较两种实现的效率和可读性。

第 14 章

函数的应用（三）

【课程思政】

（1）团队协作，共创辉煌：在编程的世界里，数组作为函数参数，不仅是数据传递的重要媒介，更是团队协作的坚实基础。它促进了团队成员之间的数据共享与协同作业，使得复杂项目能够被有效地分解成可管理的部分，每个成员都能在其中发挥自己的专长。通过数组，我们能够突破个体能力的局限，汇聚众人的智慧，协同解决难题，共同创造出令人瞩目的编程成果。

（2）效率为王，优化不止：在追求高性能的编程实践中，函数间传递数组的效率问题至关重要，不容忽视。在资源受限的环境下，每次数据传输的优化都能显著提升系统整体性能。因此，我们应当积极采用"引用传递"等高效策略，减少数据复制，降低内存占用，从而确保程序运行流畅。这种对效率的不懈追求，不仅提升了编程技能，还为职业发展奠定了坚实基础。

（3）数据守护，责任担当：数据，作为编程领域的核心资产，其安全性与完整性直接关系到程序的稳定性和用户的信任度。任何数据泄露或篡改都可能造成不可估量的损失。因此，我们应当始终将数据安全置于首位，采取一系列措施保护数据免受各种威胁。从数据加密到访问控制，从定期备份到应急响应计划，我们应当用心守护每份数据，以实际行动彰显编程者的责任与担当。

14.1 实验目的

（1）通过将数组元素作为函数参数传递，理解并掌握数组元素在函数调用中的传递机制和作用；学习在函数中处理数组元素，实现数据的输入输出等操作。

（2）理解数组名作为函数参数时的特殊性质，即传递的是数组的首地址而非整个数组；掌握在函数中通过数组名参数实现对原数组数据的访问和修改。

（3）结合数组的使用，通过编写和调试程序，巩固数组在数据结构中的基础地位；学习并实践使用数组解决复杂问题的方法，如排序、查找、逆序等。

14.2　主要知识点

（1）数组的定义与初始化：复习数组的定义语法和初始化方法；理解数组在内存中的存储方式。

（2）数组元素的访问与操作：复习通过下标访问数组元素的方法；掌握对数组元素进行赋值、计算和比较等操作的方法。

（3）函数的基本概念与定义：复习函数的作用和定义方法；掌握函数的参数传递机制，包括值传递和地址传递（指针）。

（4）函数与数组的结合使用：学习将数组元素或数组名作为函数参数传递的方法；掌握在函数中处理数组数据的技巧和方法。

14.3　实验内容

【题目1】　定义一个函数 even(int n)，该函数的功能是判断 n 是否是偶数，是则返回 1，否则返回 0。在主函数中定义一个具有 10 个元素的数组，输入 10 个整数并放到数组中，然后调用该函数求出数组中所有偶数的和并输出。

（1）请编写程序实现上述功能。

（2）编译运行此程序，查看运行结果，并复制运行结果截图至实验报告。

【题目2】　阅读如下程序。

```c
#include <stdio.h>
void fun(int x[], int n)
{
    int i;
    for(i = 0; i < n; i++)
        x[i] = x[i]*10;
}
void output(int x[], int n)
{
    int i;
    for(i = 0; i < n; i++)
        printf(" %d ",x[i]);
    printf("\n");
}
int main()
{
    int a[10] = {10,20,30,40,50,60,70,80,90,100};
    printf("输出调用函数之前的数组:\n");
    output(a,10);
    fun(a,10);
    printf("输出调用函数之后的数组:\n");
    output(a,10);
    return 0;
}
```

回答如下问题。

（1）请指出该程序中的形参和实参。

（2）简述 fun() 函数的功能。这种方式的参数传递,哪个形参不会影响实参,哪个形参会影响实参?

（3）简述 output() 函数的功能。

（4）编译运行此程序,查看运行结果,并复制运行结果截图至实验报告。

【题目3】 编写函数 myfun(int x[],int n),该函数的功能是把数组 x 中的值逆序存储。然后在主函数中输入一个整数 n(n＜100),并输入 n 个整数,调用函数 myfun() 实现逆序存储并输出逆序存储后的结果。

（1）请编写程序实现上述功能。

（2）编译运行此程序,查看运行结果,并复制运行结果截图至实验报告。

【题目4】 编写函数 convert(char s[]),该函数的功能是将字符串 s 中的大写字母转换为小写字母,小写字母转换为大写字母。然后在主函数中输入一个字符串,调用该函数 convert() 测试该函数的功能并输出最后转换之后的字符串。

（1）请编写程序实现上述功能。

（2）编译运行此程序,查看运行结果,并复制运行结果截图至实验报告。

【题目5】 编写递归函数 mysum(int a[],int n),该函数的功能是实现求数组 a 的前 n 个元素之和并返回。然后在主函数中输入一个整数 n(n＜100),再输入 n 个整数,调用 mysum() 函数求 n 个整数之和并输出。

（1）请编写程序实现上述功能。

（2）编译运行此程序,查看运行结果,并复制运行结果截图至实验报告。

14.4 思考与练习

（1）编写函数判断一个整数是否是偶数,在 main() 函数中遍历一个数组,用该函数筛选偶数,并计算这些偶数的和。

（2）实现数组元素的逆序存储。

提示:设计并实现一个函数,通过交换数组两端的元素,逐步将数组元素逆序排列。

（3）编写一个递归函数,计算数组前 n 个元素的和。

提示:设计并实现一个递归函数,每次调用自身时,计算当前元素与剩余元素之和,最终得到前 n 个元素的和。注意递归的终止条件和递归调用的方式。

（4）简述实现函数的递归调用的方法。请给出一个简单的递归函数示例,并解释其工作原理。

第 15 章

函数的应用(四)

【课程思政】

(1) 规则之舞,责任之心:在编程的殿堂里,变量的作用域与生命周期如同精密的舞步,每一步都需遵循既定的规则。这份对规则的深刻理解与遵守,是编程者责任心的体现。精心布局每行代码,确保其在正确的舞台上绽放光彩,既不过界侵扰他人,也不因生命短暂而留下遗憾。我们应当秉承对规则的敬畏之心与对责任的担当精神,在编程道路上稳健前行,不断追求卓越与完美的境界。

(2) 局部与全局的交响曲:局部变量与全局变量的和谐共存,构成了编程领域中一道亮丽的风景线。在生活中需要平衡局部利益与全局视野,编程时也需灵活运用这两种变量类型。局部变量专注于当前任务;全局变量则负责统筹全局。在它们之间找到巧妙的平衡点,使它们在程序中和谐交融,共同助力项目顺利前行。

(3) 抽象之巅,概括之美:宏的使用,是编程艺术中抽象思维的璀璨展现。它如同一位高超的画师,将纷繁复杂的代码片段提炼成简洁明了的宏定义,如同将大千世界的繁华景象概括为一幅幅精致的画卷。这种抽象与概括的能力,不仅简化编程过程,提高代码的可读性和可维护性,更让我们在编程的旅途中领略到智慧与美的交融。

15.1 实验目的

(1) 理解并掌握全局变量和局部变量在程序中的作用范围和生命周期;了解动态变量和静态变量的概念及其在不同场景下的使用方法。

(2) 熟悉函数的定义、调用和参数传递方法;学习通过函数实现特定的功能,如计算、数据处理等。

(3) 理解宏的语法和用途,掌握宏与函数在代码层面的区别和使用场景。

15.2 主要知识点

(1) 变量作用域与存储类别:全局变量与局部变量;动态变量与静态变量。

（2）函数的定义与调用：函数的定义语法；函数的参数传递（值传递、地址传递）；函数的返回值。

（3）宏的定义与调用：宏的基本语法；宏展开的过程和注意事项；宏与函数的区别和选择。

15.3 实验内容

【题目1】 阅读如下程序。

```c
# include < stdio. h>
int fun()
{
    static int a = 0;
    a += 10;
    return a;
}
int main()
{
    int m, i;
    for(i = 1; i < = 5; i++)
    {
        m = fun();
        printf("m = % d\n", m);
    }
    return 0;
}
```

回答如下问题。

（1）分析程序，并写出程序的运行结果。

（2）编译运行此程序，查看运行结果，并复制运行结果截图至实验报告。将运行结果与分析结果对比，确认它们是否一致。

（3）去掉fun()函数中的static关键字，写出程序的运行结果。分析运行程序并说明原因。

【题目2】 阅读如下程序。

```c
# include < stdio. h>
int a = 10, b = 10;
void fun( int n)
{
```

```
        int b;
        b = n * n;
        a = a + n;
        printf("fun:a = % d,b = % d\n",a,b);
}
int main()
{
        int a;
        a = 5;
        fun(a);
        printf("main:a = % d,b = % d\n",a,b);
        return 0;
}
```

回答如下问题。

(1) 请指出该程序中定义的全局变量。

(2) 对于 fun()函数中的变量 a,b,n,请分别指出它们是全局变量还是自动局部变量。

(3) 对于主函数中的变量 a,b,请分别指出它们是全局变量还是自动局部变量。

(4) 分析程序,并写出程序的运行结果。

(5) 编译运行此程序,查看运行结果,并复制运行结果截图至实验报告。将运行结果与分析结果对比,确认它们是否一致。

【题目3】 阅读如下程序。

```
# include < stdio. h >
# define N a + b
int main()
{
        int a = 3,b = 4,c;
        c = N * N;
        printf("c = % d\n",c);
        return 0;
}
```

回答如下问题。

(1) 分析程序,并写出程序的运行结果。

(2) 编译运行此程序,查看运行结果,并复制运行结果截图至实验报告。对比分析的结果与运行结果是否一致,如果不一致请说明原因。

【题目4】 阅读如下程序。

```
# include < stdio. h >
# define C(x,y) x * y
int fun( int m, int n)
{
        return m * n;
```

```
}
int main()
{
    int a,b;
    a = C(1 + 2,2 + 3);
    b = fun(1 + 2,2 + 3);
    printf("a = % d,b = % d\n",a,b);
    return 0;
}
```

回答如下问题。

(1) 分析程序,并写出程序的运行结果。

(2) 编译运行此程序,查看运行结果,并复制运行结果截图至实验报告。分析并说明调用宏 C(1+2,2+3)和函数 fun(1+2,2+3)的区别。

(3) 如果将"♯define C(x,y) x * y"修改为"♯define C(x,y) (x)*(y)",复制运行结果截图至实验报告。

【题目5】 编写函数 int digit(int m,int k),该函数的功能是返回参数 m 从右向左数的第 k 个数字的值,例如 digit(203569,4)=3,digit(28,4)=0。然后在主函数中输入两个整数 m 和 k,调用 digit 函数,实现求 m 从右向左数第 k 个数字的值并输出。

(1) 请编写程序实现上述功能。

(2) 编译运行此程序,查看运行结果,并复制运行结果截图至实验报告。

【题目6】 编写一个函数 int isprime(int n),该函数的功能是判断 n 是否是素数,是则返回 1,否则返回 0。然后在主函数中调用该函数验证哥德巴赫猜想:任何大于 5 的奇数都可以表示为三个素数之和,输出被验证数的所有和式。例如:21=2+2+17,21=3+5+13,21=3+7+11,21=5+5+11,21=7+7+7。(输出时要求每个和式占一行,不能重复输出)

(1) 请编写程序实现上述功能。

(2) 编译运行此程序,查看运行结果,并复制运行结果截图至实验报告。

15.4 思考与练习

(1) 简述全局变量与局部变量的区别和联系。总结全局变量和局部变量的使用场景。

(2) 简述宏定义和函数调用的主要区别。总结宏定义的使用场景。

第16章

指针的应用（一）

【课程思政】

（1）安全意识的灯塔，照亮编程之路：在指针的海洋中航行，身为技术的探索者，也是安全的守护者。任何不当的指针操作，都可能触及编程的暗礁，引发程序崩溃的巨浪或数据泄露的风暴。因此，强化安全意识，犹如点亮一盏明灯，照亮编程的征途，促使在技术的探索中始终保持谨慎态度。这不仅体现了对专业精神的尊重，更承载了对社会和他人的责任担当。

（2）匠心独运，编程习惯铸就精品：编程不仅是代码的堆砌，更是匠心的体现。在指针的使用中，注重培养良好的编程习惯，如同工匠雕琢艺术品般，对每行代码都精益求精。确保指针的初始化、规避野指针现象，这些细微之处，实则是构筑高质量代码的基石，彰显着严谨细致、追求卓越的工匠精神。

16.1　实验目的

（1）理解指针的概念，学会定义指针变量并为其赋值；掌握通过指针变量访问它所指向的内存单元中的数据的方法。

（2）了解指针的算术运算（如指针加减运算）和关系运算（如比较指针大小）；掌握通过指针运算访问数组中的元素的方法。

（3）掌握通过指针遍历数组元素的方法；理解数组名作为指针的特殊用法，掌握通过指针操作数组的方法。

（4）掌握通过行指针（数组指针）访问二维数组的方法；了解并实践通过普通指针访问二维数组的方法。

16.2　主要知识点

（1）指针的概念与定义：指针变量的声明、初始化和赋值；指针与地址的关系。

（2）指针运算：指针的算术运算（如指针加减整数、指针间的加减）；指针的关系运算

（如比较指针的大小）。

（3）指针与数组：通过指针访问数组元素；数组名作为指针的特殊含义；二维数组与指针的关系，包括行指针（数组指针）和普通指针访问二维数组的方法。

16.3 实验内容

【题目1】 阅读如下程序。

```
# include < stdio. h>
int main()
{
    int a,b;
    int * pa,* pb,* t;
    pa = &a;pb = &b;
    a = 5;b = 7;
    t = pa;pa = pb;pb = t;
    printf("* pa = % d,* pb = % d\n",* pa,* pb);
    return 0;
}
```

回答如下问题。

（1）编译运行此程序，查看运行结果，并复制运行结果截图至实验报告。

（2）如果把上面程序的"printf("＊pa＝％d,＊pb＝％d\n",＊pa,＊pb);"语句改为"printf("a＝％d,b＝％d\n",a,b)"，请写出程序的运行结果，并说明原因。

【题目2】 下面程序的功能是用指针法输入12个数，然后按照每行4个数输出。

```
# include < stdio. h>
int main()
{
    int j,a[12],* p = a;
    for(j = 0;j < 12;j++)
        scanf(" % d",p++);
    p = a;
    for(j = 1;j < = 12;j++)
    {
        printf(" % 4d",* p++);
        if(j % 4 == 0) printf("\n");
    }
    return 0;
}
```

回答如下问题。

（1）编译运行此程序，查看运行结果，并复制运行结果截图至实验报告。

（2）简述使用指针移动法访问数组的优点。

【题目3】 下面程序的功能是将无符号八进制数字构成的字符串转换为十进制整数。

```
# include < stdio. h>
int main()
{
    char * p,s[10];
    int n;
    p = s;
    gets(p);
    for(n = 0;   ①   ;p++)
        n =   ②   + (* p - '0');
    printf(" % d\n",n);
    return 0;
}
```

例如:输入字符串"5764",则输出十进制整数"3060",请将上面的程序补充完整并回答如下问题。

(1) 程序填空:①_____;②_____。

(2) 编译运行此程序,查看运行结果,并复制运行结果截图至实验报告。

【题目4】 下面程序的功能是使用数组指针(行指针)访问二维数组,以及使用普通指针访问二维数组。

```
# include < stdio. h>
int main()
{
    int a[4][3] = {1,2,3,4,5,6,7,8,9,10,11,12};
    int (* p)[3],i,j;
    int * q;
    p =   ①   ;
    printf("使用数组指针输出二维数组如下:\n");
    for(i = 0;i < 4;i++)
    {
        for(j = 0;j < 3;j++)
            printf(" % 3d ",   ②   );        //使用数组指针访问二维数组元素
        printf("\n");
    }
    q =   ③   ;
    printf("使用普通指针输出二维数组如下:\n");
    for(i = 0;i < 4;i++)
    {
        for(j = 0;j < 3;j++,q++)
            printf(" % 3d ",   ④   );        //用普通指针法访问二维数组元素
        printf("\n");
    }
    return 0;
}
```

请回答如下问题。

（1）程序填空：①_____；②_____；③_____；④_____。

（2）编译运行此程序，查看运行结果，并复制运行结果截图至实验报告。

【题目 5】 从键盘上输入一个字符串，统计其中大写字母、小写字母、空格、数字字符及其他字符的个数，要求用指针对字符串进行访问。

（1）请编写程序实现上述功能。

（2）编译运行此程序，查看运行结果，并复制运行结果截图至实验报告。

【题目 6】 输入 n 个整数（n 由用户输入，不超过 100）存入数组中，将数组元素逆序存放，并输出逆序前和逆序后数组元素的值，要求用指针对数组进行访问。

（1）请编写程序实现上述功能。

（2）编译运行此程序，查看运行结果，并复制运行结果截图至实验报告。

16.4　编程实战

编写代码实现学生成绩管理系统，包含成绩录入、成绩查询、成绩修改、成绩删除、成绩统计、成绩排序、成绩加载这七个功能。成绩加载功能是从文件中读取数据，具体代码如下所示。

```
/****** 从文件 student.txt 中读入学生成绩 ******/
void ReadScoreFromFile() {
    FILE *file;
    file = fopen("D:\\student.txt", "r");
    studentCount = 0;
    if (!file) {
        perror("Failed to open file");
        exit(EXIT_FAILURE);            //立即终止当前程序,退出系统
    }
    /*把文件中的学生成绩存入结构体变量 students 中 */
    while (fscanf(file, "%[^,],%[^,],%d,%d,%d,%d\n", students[studentCount].name,
students[studentCount].number, &students[studentCount].Chinese, &students[studentCount]
.math,&students[studentCount].English,&students[studentCount].total) != EOF && studentCount
< MAX_STUDENTS) {
        studentCount++;
    }
    fclose(file);
}
```

这段代码的目的是从文件 student.txt 中读取学生成绩信息，并将这些信息存储到 Student 结构体数组中。逐步分析这段代码：

函数 ReadScoreFromFile()负责打开文件、读取数据、存储数据到结构体数组中，并关闭文件。

（1）文件打开。

使用 fopen()函数以读取模式("r")打开位于 D:\\student. txt 的文件,并将文件指针赋值给变量 file。如果文件打开失败(即 file 为 NULL),则输出错误信息并退出程序。

（2）读取和存储数据。

使用 fscanf()函数从文件中读取数据。这里使用了一个复杂的格式字符串"%[^,],%[^,],%d,%d,%d,%d\n" 来匹配文件的每一行。

"%[^,]"表示匹配一个不以逗号结尾的字符串,这里分别用于匹配姓名和学号。

"%d,%d,%d,%d"表示分别匹配四个整数,即语文、数学、英语成绩和总分。

"\n"表示匹配行尾的换行符,但实际上在 fscanf()函数中它可能不是必需的,因为 fscanf()函数会在遇到空格、制表符或换行符时停止读取当前字段。

fscanf()函数的返回值是成功读取的输入项的数量。在这里,它应该返回 6(如果所有字段都被成功读取)。但是,代码中使用了"!=EOF"判断作为循环条件的一部分,这是不必要的,因为 fscanf()函数只有在遇到文件结束(EOF)或读取错误时才会返回 EOF。更常见的做法是直接检查是否读取了足够多的字段(这里是 6)。

直到文件结束或达到 MAX_STUDENTS 的限制循环结束。

studentCount 用于跟踪已读取的学生数量。

16.5　思考与练习

（1）请思考,如何定义和使用指针变量来访问和修改变量的值? 指针的运算规则有哪些? 如何通过指针进行算术运算和关系运算?

（2）请思考,如何通过指针遍历一维数组和二维数组? 数组名作为指针时,有哪些特殊用法和需要注意的地方?

（3）请思考,使用数组指针(行指针)访问二维数组的具体步骤是什么? 如何通过普通指针访问二维数组? 这种方法相比使用数组指针有什么优缺点?

（4）设计一个程序,使用指针数组实现字符串的排序(如冒泡排序)。

提示：使用指针数组存储字符串地址,遍历数组并应用冒泡排序算法,通过比较字符串(使用 strcmp()函数)来交换指针而非字符串本身,从而实现字符串的排序。注意,排序时交换的是指针,不是字符串内容。

第17章

指针的应用(二)

【课程思政】

(1) 逻辑思维的迷宫,指针引领求解之道:指针作为函数参数之间的桥梁,承载着函数间的数据传递与交互任务,构建出一个错综复杂的逻辑网络。我们在探索这一逻辑网络的过程中,清晰的逻辑思维与强大的问题解决能力是关键,它们引导着我们找到正确的路径,解开逻辑网络的谜题。这一过程不仅锻炼个人的逻辑思维能力,还提升了分析和解决问题的技能。

(2) 细节决定成败,严谨态度铸就辉煌:在指针的使用中,每个细节都至关重要。参数的传递方式、内存的管理,都要求编程者持有严谨且细致的态度去应对,如同工匠对待手中的工艺品,不容丝毫马虎。这种严谨细致的工作态度,不仅是对编程工作的尊重,更是对自己责任心和敬业精神的锤炼,为未来的辉煌之路奠定坚实的基础。

17.1 实验目的

(1) 掌握指针作为函数参数传递的使用方法。
(2) 掌握函数的返回值类型是指针的使用方法。
(3) 掌握指向函数的指针的使用方法。
(4) 掌握动态内存分配函数的使用方法。

17.2 主要知识点

(1) 函数内部接收到的参数(形参)是一个指针的副本,但它仍然指向着与实参相同的内存地址。虽然形参和实参是两个不同的变量(在内存中占据不同的位置),但它们指向的内容是相同的。因此函数可以通过修改形参所指向的内容来间接地修改实参所代表的数据。

(2) 函数的返回值类型可以是指针,这意味着函数可以返回一个内存地址,这个地址指向某个数据类型的值。

(3) 指向函数的指针是一个变量,它存储函数的地址。通过这个指针,可以间接地调用函数。指向函数的指针的声明方式与声明的函数本身相似,但是需要在函数名前面加上一个星号(*)来表示这是一个指针。

(4) 动态内存分配函数:①malloc()函数:用于动态分配指定大小的内存块,并返回指向该内存块的指针。②calloc()函数:类似于 malloc()函数,但会额外将分配的内存初始化为零。③realloc()函数:用于调整之前通过 malloc()函数或 calloc()函数分配的内存块的大小。④free()函数:用于释放之前通过 malloc()函数、calloc()函数或 realloc()函数分配的内存块。

17.3 实验内容

【题目 1】 下面程序的功能是交换两个变量的值。

```c
# include < stdio. h >
void swap( int * a, int * b)
{
    int * t;
    t = a; a = b; b = t;
}
int main()
{
    int a,b;
    a = 5; b = 7;
    swap(a,b);
    printf("a = % d,b = % d\n",a,b);
    return 0;
}
```

程序存在错误,请调试程序,修改程序中的错误,并回答如下问题。

(1) 简单分析程序出错和无法实现交换 a 和 b 的值的具体原因。

(2) 请把正确的程序复制至实验报告。

(3) 编译运行此程序,查看运行结果,并复制运行结果截图至实验报告。

【题目 2】 下面程序的功能是从键盘输入 10 个整数,然后求其中的最小值。

```c
# include < stdio. h >
void findmin( int * t, int * mina, int n)
{
    int i;
    * mina = t[ 0];
    for( i = 1; i < n; i++)
        if(    ①    )
            * mina = t[ i];
}
int main()
```

```
{
    int t[10];
    int i, min, * p = &min;
    for(i = 0; i < 10; i++)
        scanf("% d", t + i);
    findmin(   ②   );
    printf("min = % d\n", min);
    return 0;
}
```

请将上面的程序补充完整并回答如下问题。

(1) 程序填空: ①＿＿＿＿＿＿; ②＿＿＿＿＿＿。

(2) 编译运行此程序, 查看运行结果, 并复制运行结果截图至实验报告。

【题目 3】 定义两个函数, 一个是排序函数, 另一个是输出函数。在主函数中产生 20 个小于 50 的随机整数, 用排序函数使用指针对这 20 个整数进行排序, 返回这组数据的首地址, 输出函数负责输出这 20 个整数。

(1) 请编写程序实现上述功能。

(2) 编译运行此程序, 查看运行结果, 并复制运行结果截图至实验报告。

【题目 4】 用函数指针调用函数的方式, 求三个数中的最小值。

(1) 请编写程序实现上述功能。

(2) 编译运行此程序, 查看运行结果, 并复制运行结果截图至实验报告。

【题目 5】 编写一个程序, 使用 malloc() 函数动态分配一个整数数组, 让用户输入数组的大小和元素值, 然后输出这个数组。

(1) 请编写程序实现上述功能。

(2) 编译运行此程序, 查看运行结果, 并复制运行结果截图至实验报告。

17.4 思考与练习

(1) 请说明函数中使用指针参数可以实现数据的"引用传递", 而不仅仅是"值传递"的原因。

(2) 请思考, 如何通过指针将变量的值传递给函数, 并在函数内部修改该变量的值, 使得修改后的值在函数外部仍然有效?

(3) 请解释指针数组与数组指针的区别, 并给出它们在实际编程中的典型用法。

(4) 解释多级指针的概念, 并举例说明它们在 C 语言中的应用场景。

(5) 简述野指针和空指针的概念, 并讨论在实际编程中如何防范野指针的出现。

(6) 编写一个程序, 使用 malloc() 函数动态分配一个字符串的内存, 并让用户输入一个字符串(包括空格), 然后输出这个字符串。

第 18 章

结构体数据的应用（一）

【课程思政】

（1）系统思维，构建数据之舟：结构体之舟，承载着多个不同类型的数据项，共同驶向系统思维的彼岸。我们在设计和运用结构体的过程中，需全面审视各个数据项间的关联及其协同工作的方式，以构建一个富有意义的整体。这一环节锻炼了系统思维与整体观念，使人在复杂的数据领域中能够自如地航行。

（2）模块化思维，解构复杂问题的利器：结构体作为数据封装的一种方式，体现模块化编程的精髓。它如同一把锋利的手术刀，能够精准地将复杂问题切割成若干简单模块，并清晰地展示各模块之间的关系。我们应当掌握将复杂问题简单化、模块化的方法，拥有模块化思维和结构化能力，可以为解决更复杂的编程问题提供强有力的支撑。

18.1 实验目的

（1）掌握结构体类型的定义方法。
（2）掌握结构体变量的定义和使用方法。
（3）掌握结构体数组的使用方法。
（4）掌握结构体作为函数参数的使用方法。

18.2 主要知识点

（1）结构体的定义：指定结构体的名称和其中包含的成员变量（可以是基本数据类型，也可以是其他结构体类型）。结构体是一种自定义的数据类型，允许多个不同类型的数据项组合成一个单一的复合类型。

（2）关于结构体变量的几点说明：①类型是数据的模板或规范，定义数据的性质和行为，而变量是这些类型的具体实例，用于存储数据并可进行操作；②结构体变量中的成员可以被独立地存取、修改和使用，就像它们是独立的普通变量一样；③结构体内部的成员与外部的全局变量或局部变量具有相同的名称，由于它们位于不同的作用域中，所以它们分别代表不同的对象或实体,彼此之间不会相互干扰。

(3) 结构体数组是相同类型结构体的集,允许存储多个结构体的实例。

(4) 结构体变量作为函数的形式参数时,在函数中对结构体变量做的任何修改,在函数退出后不再有效。

18.3　实验内容

【题目1】　阅读如下程序。

```c
# include < stdio.h >
struct node
{
    int a;
    float b;
    double c;
};
int main()
{
    struct node v1;
    v1.a = 10;
    v1.b = 25.5;
    v1.c = 30.78;
    printf(" % d, % 3f, % .3f\n",v1.a,v1.b,v1.c);
    printf("sizeof(v1) = % d\n",sizeof(v1));
    return 0;
}
```

回答如下问题。

(1) 分析程序,并写出分析的结果。

(2) 编译运行此程序,查看运行结果,并复制运行结果截图至实验报告。对比分析结果与运行结果,二者是否一致? 如果不一致请说明原因。

【题目2】　阅读如下程序。

```c
# include < stdio.h >
# include < string.h >
/*学生信息结构类型:由学号、姓名、年龄和总分组成*/
struct student
{
    int num;
    char name[20];
    int age;
    float score;
```

```
};
int main()
{
    struct student s1 = {10001,"张三",18,90};
    struct student s2;
    s2 = s1;
    _____①_____;       //把学生 s2 的学号改为 10002.
    _____②_____;       //把学生 s2 的姓名改为李四.
    printf("学号: % d\n",s2.num);
    printf("姓名: % s\n",s2.name);
    printf("年龄: % d\n",s2.age);
    printf("总分: % .2f\n",s2.score);
    return 0;
}
```

回答如下问题。

(1) 程序填空: ①_____; ②_____。

(2) 编译运行此程序,查看运行结果,并复制运行结果截图至实验报告。

【题目3】 定义一个结构体类型,用于存放职工信息,其中包括:职工号、姓名、性别、年龄、家庭住址。然后定义该类型的变量,从键盘输入 2 个职工数据信息,并输出职工信息。

(1) 请编写程序实现上述功能。

(2) 编译运行此程序,查看运行结果,并复制运行结果截图至实验报告。

【题目4】 定义题目 3 中的职工结构体类型,定义一个职工结构体变量,在键盘中输入职工信息,定义一个函数用于修改结构体成员信息并输出结构体信息,并把结构体变量作为函数的参数,在主函数中输出结构体变量的信息,比较两次输出的结构体信息的区别,并分析原因。

(1) 请编写程序实现上述功能。

(2) 编译运行此程序,查看运行结果,并复制运行结果截图至实验报告。

【题目5】 定义一个员工结构体,包含员工编号、姓名和薪水。然后定义一个结构体数组,存储 4 个员工的信息。从键盘输入这些员工的信息,并按薪水从高到低的顺序排序后输出。

(1) 请编写程序实现上述功能。

(2) 编译运行此程序,查看运行结果,并复制运行结果截图至实验报告。

18.4　编程实战

编写代码实现学生成绩管理系统,包含成绩录入、成绩查询、成绩修改、成绩删除、成绩统计、成绩排序、成绩加载这七个功能。成绩删除功能具体代码如下。

```
struct Student {
    char name[20];              //学生姓名
    char number[20];            //学生学号
    int Chinese,math,English,total;      /*语文成绩、数学成绩、英语成绩和总分*/
};
struct Student students[MAX_STUDENTS];
int studentCount;
/****** 删除学生成绩 ******/
void DelStudent() {
    bool searchFlag = false; //查询到为 true,否则为 false
    char name[20];
    int i;
    printf("请输入要删除学生的姓名:\n");
    scanf("%s",name);
    for (i = 0; i < studentCount; i++)
        if(strcmp(students[i].name,name) == 0){
            searchFlag = true;
            break;
        }
    if(searchFlag){
        for(; i < studentCount - 1; i++)
            students[i] = students[i + 1];
        studentCount--;
        SaveScoreToFile();
        printf("\n 删除成功!目前共有 %d 个学生的成绩\n\n",studentCount);
    }else{
        printf("\n 删除失败!姓名【%s】不存在\n\n",name);
    }
}
```

这段代码定义一个名为 DelStudent 的函数,其目的是从结构体数组 students 数组中删除一个指定姓名的学生,并更新 studentCount 以反映新的学生数量。此外,它还提供了用户交互,允许用户输入要删除学生的姓名,并在删除操作成功或失败后给出相应的反馈。下面是对这段代码的分析。

(1) 结构体和全局变量。

"struct Student"定义了包含学生姓名、学号、三门课程成绩和总分的结构体。

"struct Student students[MAX_STUDENTS];"声明一个全局的 Student 结构体数组,用于存储学生信息。MAX_STUDENTS 应该是一个在代码其他部分定义的全局常量,表示数组的最大容量。

"int studentCount;"声明一个全局变量,用于跟踪当前存储在 students 数组中的学生数量。

(2) 函数 DelStudent。

① 变量定义如下。

"bool searchFlag=false;"用于标记是否找到要删除的学生。

"char name[20];"用于存储用户输入的姓名。

"int i;"用于循环遍历 students 数组。

② 用户输入：通过 printf()和 scanf()函数，提示用户输入要删除学生的姓名，并读取用户输入的姓名到 name 数组中。

③ 查找学生：使用 for 循环遍历 students 数组，使用 strcmp()函数比较每个学生的姓名与用户输入的姓名。如果找到匹配的姓名，则将 searchFlag 设置为 true 并跳出循环。

④ 删除学生：如果 searchFlag 为 true，则进入另一个 for 循环，该循环从找到的学生位置开始，将后续学生的信息向前移动一位，以覆盖要删除的学生信息。循环结束后，studentCount 减一，以表示已删除一个学生。调用 SaveScoreToFile()函数（假设该函数已正确定义），将更新后的学生信息保存到文件中。使用 printf()函数输出删除成功的消息和当前的学生数量。

⑤ 删除失败：如果 searchFlag 为 false，则输出删除失败的消息，并显示未找到该姓名的学生。

18.5　思考与练习

(1) 列举使用结构体的主要原因。

(2) 简述结构体中的成员在内存中如何存储。

(3) 简述结构体与数组的主要区别。

(4) 在函数中使用结构体参数时，请说明使用指针优于使用值传递的原因。

(5) 请描述在设计结构体时应该遵循的几个基本原则，并解释每个原则的重要性。

(6) 描述结构体嵌套(一个结构体中包含另一个结构体作为成员)的场景，并讨论其优点和潜在问题。此外，讨论如何通过指向相同类型结构体的指针来实现数据的共享和重用。

第 19 章

结构体数据的应用（二）

【课程思政】

（1）规范导航：枚举类型以命名整型常量的方式，点亮了数据表达的清晰之路。在编程世界里，规范的数据命名与表达，是提升代码可读性、可维护性的金钥匙。将枚举类型与规范意识深度融合，犹如点亮一盏明灯，有助于养成命名富有意义、注释详尽的良好习惯。

（2）创新飞跃：typedef 关键字为数据类型定义新的名称，它可以使代码更加简洁和易读。我们在培养创新思维的征途中，应该勇于突破传统框架，探索未知领域。通过 typedef 的巧妙运用，在数据与操作的表达中寻找更高效、更优雅的路径，从而点燃创新的火花，释放无尽的创造力。

19.1　实验目的

（1）掌握结构体指针的定义和使用方法。
（2）初步掌握共用体的定义和使用方法。
（3）掌握枚举类型的定义和使用方法。
（4）初步掌握类型声明符 typedef 的使用方法。

19.2　主要知识点

（1）结构体指针是指向结构体变量的指针，允许通过指针来访问结构体的成员。
（2）当使用结构体指针时，记得在不再需要时释放分配的内存，以避免内存泄漏。
（3）共用体是一种由用户自定义的数据类型，可以由若干种数据类型组合而成，组成共用体数据的若干数据也称为成员。和结构体不同的是，共用体是把几种不同类型的变量放在同一段内存单元中，且各变量都是从同一地址开始存放。即使用覆盖技术，几个变量相互覆盖，从而达到几个不同的变量共同占用同一段内存的目的。
（4）枚举类型（enum）是一种用户定义的数据类型，它允许为整数常量赋予更具描述性的名称。枚举类型通常用于表示一组相关的常量值，如星期几、月份或颜色等。

（5）可通过 typedef 为数据类型取别名。例如"typedef int INTEGER"指定 INTEGER 代表整型，"typedef int ARR[20]"声明 ARR 为整型数组类型，包含 20 个元素。

19.3 实验内容

【题目1】 阅读如下程序。

```
# include < stdio. h>
typedef struct
{
    int id;
    char name[20];
} Student;
void printStudent(Student * s) {
    printf("ID: % d, Name: % s\n", s-> id, s-> name);
}
int main()
{
    Student student1 = {1, "Alice"};
    Student * ptr = &student1;
    printStudent(ptr);
    return 0;
}
```

回答如下问题。

（1）该程序定义了一个名为 Student 的结构体，指出其包含的成员。

（2）说明 printStudent()函数的参数类型。

（3）在 main()函数中，说明指针 ptr 指向的结构体变量。

（4）编译运行此程序，查看运行结果，并复制运行结果截图至实验报告。

【题目2】 定义一个名为 Book 的结构体，包含 title(字符数组)和 author(字符数组)两个成员。然后定义一个 Book 类型的指针数组，用于存储多个图书的信息。通过循环为每本书的信息赋值，并输出这些信息。

（1）请编写程序实现上述功能。

（2）编译运行此程序，查看运行结果，并复制运行结果截图至实验报告。

【题目3】 定义一个名为 Data 的共用体，它包含 int、float 和 char 类型的成员。然后定义一个 Data 类型的变量，并通过该变量存储一个整数值，最后输出这个整数值。

（1）请编写程序实现上述功能。

（2）编译运行此程序，查看运行结果，并复制运行结果截图至实验报告。

【题目4】 定义一个名为 Day 的枚举类型，它包含一周七天的值。然后定义一个 Day 类型的变量，并通过该变量存储 Tuesday 的值，最后输出这个枚举值对应的整数。

（1）请编写程序实现上述功能。

（2）编译运行此程序，查看运行结果，并复制运行结果截图至实验报告。

【**题目 5**】　定义一个结构体 Point，包含两个整型成员 x 和 y，然后使用 typedef 定义一个 Point 类型的新名字 PointType。最后，声明一个 PointType 类型的变量并初始化。

（1）请编写程序实现上述功能。

（2）编译运行此程序，查看运行结果，并复制运行结果截图至实验报告。

19.4　思考与练习

（1）请描述共用体的内存布局，并解释为何它有时被称为"覆盖类型"。

（2）给出一个具体的例子，说明在什么情况下会使用共用体来节省内存。

（3）请解释枚举类型（enum）的作用，并说明它与宏定义的区别。

（4）请思考，在使用 typedef 时，需要注意哪些潜在的问题？

（5）请解释结构体指针在 C 语言中的作用，并说明它如何与动态内存分配结合使用。

第 20 章

文件类型的应用

（1）严谨与责任，守护数据的守护者：在文件的打开与关闭之间，强调对数据的严谨守护和对资源的负责任态度。每次正确的文件操作，都是对系统稳定性的贡献；每次及时的资源释放，都是对资源珍惜的体现。我们应当认识到，文件的处理不仅是技术层面的操作，更是对数据及系统负责态度的体现，这有助于培养个人的严谨性和责任感。

（2）诚信与尊重，文件操作的道德准则：在文件的读写操作中，我们应秉持诚信与尊重的原则。未经授权，不得擅自读取或修改他人文件，这体现了对他人知识产权和个人隐私的尊重；同时，遵守法律与道德规范进行文件操作，是公民应具备的法律意识和社会责任感的体现。

20.1　实验目的

（1）理解和掌握文件的概念。
（2）掌握打开和关闭文件的操作方法。
（3）熟悉文件的读写操作。
（4）加深理解文件操作在软件开发中重要性，以及如何在不同场景下选择合适的文件类型和操作方式。

20.2　主要知识点

（1）文件是通过文件指针来访问的。文件指针是 FILE 类型的指针，它指向一个 FILE 类型的对象，该对象包含所有关于文件的信息，如文件状态标志、当前读写位置等。一般形式：FILE *指针变量标识符。

（2）打开文件：使用 fopen( )函数可以打开文件。有以下两种使用方法。

```
① FILE * fp;
    fp = ("test.txt","r");
```

该方法是以只读的方式在打开当前目录下的 test. txt 文件,并使 fp 指向该文件。

```
② FILE *fp;
   fp("D:\\test.txt","r");
```

该方法以只读的方式打开 D 盘上的 test. txt 文件,并使 fp 指向该文件。

(3) 使用文件的方式共有 12 种,如表 20-1 所示。

表 20-1　文件使用方式说明表

文件使用方式	功 能 说 明
"w"	以只写方式打开一个文本文件。如果文件存在,则覆盖原有内容;如果文件不存在,则创建新文件
"r"	以只读方式打开一个文本文件。文件必须存在,否则打开失败
"a"	以追加方式打开一个文本文件。写入的数据会被追加到文件末尾。如果文件不存在,则创建新文件
"rb"	以只读方式打开一个二进制文件。文件必须存在
"wb"	以只写方式打开一个二进制文件。如果文件存在,则覆盖原有内容;如果文件不存在,则创建新文件
"ab"	以追加方式打开一个二进制文件。写入的数据会被追加到文件末尾。如果文件不存在,则创建新文件
"r+"	以读写方式打开一个文本文件。文件必须存在
"w+"	以读写方式打开文件,如果文件存在则覆盖,不存在则创建新文件
"a+"	以读写方式打开文件,写入的数据会被追加到文件末尾。如果文件不存在,则创建新文件
"rb+"	以读写方式打开一个二进制文件。文件必须存在
"wb+"	以读写方式打开文件,如果文件存在则覆盖,不存在则创建新文件,用于二进制文件
"ab+"	以读写方式打开文件,写入的数据会被追加到文件末尾。如果文件不存在,则创建新文件,用于二进制文件

(4) 关闭文件:使用 fclose()函数可以关闭文件。关闭文件是一个好习惯,可以释放文件相关的资源。如果正确关闭文件则函数返回 0,否则返回 −1。调用的一般形式如下:

```
fclose(文件指针);
```

(5) 使用多种函数来读写文件,包括但不限于以下函数。

① fputc()函数。

函数功能:把一个字符写入指定的文件中。

调用形式:fputc(字符量,文件指针);

例如:fputc('a',fp);

② fgetc()函数。

函数功能:从指针变量所指的文件中读取一个字符并赋值给字符变量。

调用形式:字符变量＝fgetc(文件指针);

例如：ch＝fgetc(fp)；

③ 读字符串函数 fgets()。

函数功能：从文件中读取 n－1 个字符放入字符数组中；

调用形式：fgets(字符数组名,n,文件指针)。

④ 写字符串函数 fputs()。

函数功能：将字符串或字符数组内容写入文件中；

调用形式：fputs(字符串或者是字符数组名,文件指针)。

20.3　实验内容

【题目 1】　下面程序的功能是从键盘上输入若干行长度不一的字符串并将其存到一个文件名为 file1.txt 的磁盘文件中,再从该文件中读出这些数据,将其中的小写字母转换成大写字母,并显示到屏幕上。

```c
#include<stdio.h>
#include<stdlib.h>
int main()
{
    int i,flag;
    char str[60],c;
    FILE *fp;
    if((fp = fopen("file1.txt","w+")) == NULL)
    {
        printf("can't create file\n'");
            ①
    }
    for (flag = 1;flag;)
    {
        printf("请输入字符串\n");
        gets(str);
        fprintf(fp,"%s\n",str);
        printf("是否继续输入?");
        if((c = getchar()) == 'n')
            flag = 0;
        getchar();
    }
        ②
    while(1)
    {
        fscanf(fp,"%s",str);
```

```
        if(feof(fp)) break;
        for(i = 0; str[1] != '\0'; i++)
            if(str[i] >= 'a' && str[i] <= 'z')
                str[i] = str[i] - 32;
        printf("% s\n",str);
    }
    fclose(fp);
    return 0;
}
```

回答如下问题。

(1) 程序填空：①_____；②_____。

(2) 编译运行此程序，查看运行结果，并复制运行结果截图至实验报告。

【题目 2】 阅读如下程序。文本文件 file2. dat 的内容为"bFGc351"。

```
# include < stdio. h >
# include < stdlib. h >
int main()
{
    FILE *p;
    char ch;
    if((p = fopen("file2.dat", "r")) == NULL)
    {
        printf("Can't Open File\n");
        exit(0);
    }
    while ((ch = fgetc(p)) != EOF)
        printf("% c", ch + 3);
    fclose(p);
    return 0;
}
```

回答如下问题。

(1) 分析程序，并写出分析的结果。

(2) 编译运行此程序，查看运行结果，并复制运行结果截图至实验报告。对比分析结果与运行结果，二者是否一致？如果不一致请说明原因。

【题目 3】 编写一个程序，用于打开并读取一个名为 file3. txt 的文本文件，将文件内容输出到控制台，然后关闭文件。如果文件不存在，输出错误消息。

(1) 请编写程序实现上述功能。

(2) 编译运行此程序，查看运行结果，并复制运行结果截图至实验报告。

【题目 4】 编写一个程序，该程序读取用户输入的整数，直到用户输入 0 为止，然后将这些整数写入一个名为 file4. txt 的文件中，每个整数占一行。

(1) 请编写程序实现上述功能。

(2) 编译运行此程序，查看运行结果，并复制运行结果截图至实验报告。

【题目5】　调用 fprintf()函数写入数据到文件 file5.txt 中,再调用 fscanf()函数读出文件 file5.txt 中的内容,并输出。

（1）请编写程序实现上述功能。

（2）编译运行此程序,查看运行结果,并复制运行结果截图至实验报告。

20.4　编程实战

编写代码实现学生成绩管理系统,包含成绩录入、成绩查询、成绩修改、成绩删除、成绩统计、成绩排序、成绩加载这七个功能。成绩录入功能为将成绩写入文件中,具体代码如下所示。

```
/****** 将学生成绩写入文件 D:\\student.txt 中 ******/
void SaveScoreToFile() {
    FILE *file;
    int i = 0;
    file = fopen("D:\\student.txt", "w");
    for (i = 0; i < studentCount; i++) {
        fprintf(file,"% s,", students[i].name);
        fprintf(file,"% s,", students[i].number);
        fprintf(file,"% d,", students[i].Chinese);
        fprintf(file,"% d,", students[i].math);
        fprintf(file,"% d,", students[i].English);
        fprintf(file,"% d\n", students[i].total);
    }
    fclose(file);
}
```

这段 C 语言代码定义一个名为 SaveScoreToFile()的函数,其目的是将学生成绩信息写入文件 student.txt 中。下面是对这段代码的详细分析。

（1）打开文件。

使用 fopen()函数以写入模式("w")打开位于 D:\\student.txt 的文件,并将文件指针赋值给 file。

写入模式("w")会创建一个新文件（如果文件不存在）或覆盖现有文件（如果文件已存在）。这意味着,如果 student.txt 文件已经包含一些数据,这些数据将被新写入的数据覆盖。

（2）写入数据。

使用 for 循环遍历 students 数组,从索引 0 到 studentCount−1。

在循环内部,使用 fprintf()函数将每个学生的姓名、学号、语文成绩、数学成绩、英语成绩和总分写入文件中。

每个字段之间用逗号分隔,每行数据以换行符"\n"结尾。

需要注意的是,由于每个字段后面都紧跟一个逗号,包括最后一个字段（总分）后面也有一个逗号,这可能会导致输出的文件格式在视觉上略显不整洁。在实际应用中,可能需要根据具体需求调整字段分隔符或移除最后一个逗号。

(3) 关闭文件。

使用 fclose()函数关闭文件。这是一个重要的步骤,因为它可以确保所有缓冲的输出都被写入文件中,并且释放与文件相关的资源。

20.5 思考与练习

(1) 如何检查文件操作是否成功?

(2) 在 C 语言中,如何区分文本文件和二进制文件? 在文件操作中有什么不同?

(3) 在 C 语言中,当尝试打开一个不存在的文件用于读取时,会发生什么?

(4) 如何确保文件中的所有数据都被正确写入磁盘?

(5) 当使用 fopen()函数以"r+"模式打开一个文件时,与"r"模式和"w+"模式相比,它有哪些特性和限制?

(6) 在处理文件时,哪些常见的错误情况是需要特别关注的? 如何设计一个健壮的错误处理机制来应对这些情况?

第三部分 编程实战

在编程学习的旅程中，理论知识与实际操作是相辅相成的。为了将所学知识应用于实际情境中，第三部分特别设计了两个编程实战项目，旨在通过实践来锻炼和提升学习者的编程技能。包含的章节如下。

第 21 章 实战 1 学生成绩管理系统

第 22 章 实战 2 银行 ATM 模拟系统

第 21 章　实战 1　学生成绩管理系统

通过设计一个基础的学生成绩管理系统项目,培养学生的独立分析与设计能力,还能在实践中锻炼学生的独立分析、设计、调试以及系统开发的综合能力,让学生亲身体验从实际需求出发,通过应用程序设计解决实际问题的完整流程。此过程不仅可以加深学生对 C 语言程序编写基本规范的理解,还特别聚焦于以下几个方面的掌握。

(1) C 语言程序编写:学生将亲手编写 C 语言代码,实践变量定义、数据类型使用、条件判断、循环控制等编程基础,从而巩固 C 语言语法和编程技巧。

(2) 函数设计:项目鼓励学生将系统划分为多个功能模块,并通过设计合理的函数来实现这些模块。这一过程将帮助学生理解函数的作用、参数传递、返回值等概念,并学会如何组织代码以提高可读性和可维护性。

(3) 算法设计:针对成绩管理系统的特定需求,如成绩排序、查询、统计等,学生需要设计并实现相应的算法。这将锻炼他们的逻辑思维能力和问题解决能力,使其能够根据实际需求选择合适的算法策略。

(4) 程序调试方法:在项目开发过程中,学生将不可避免地遇到各种错误和异常。通过调试程序,学生将学会设置断点、观察变量值等调试技巧,以快速定位并修复问题。这将极大地提升学生的问题解决能力和程序调试能力。

(5) 系统开发过程:此外,项目还旨在让学生初步掌握系统开发的基本流程,包括问题分析(明确系统需求)、系统设计(规划系统架构和模块划分)、程序编码(实现功能模块)、测试(验证系统功能和性能)等环节。这一过程将帮助学生建立起系统化的开发思维,为未来的软件开发工作打下坚实的基础。

21.1　系统描述

在 C 语言中设计的学生成绩管理系统可以包含多种功能,这些功能旨在满足对学生成绩进行高效管理和查询的需求。以下是一些系统功能。

(1) 学生信息录入:允许用户添加新学生的基本信息,如学号、姓名等,以及他们的各科成绩。

（2）成绩查询：提供多种查询方式,如按学号查询、按姓名查询学生的成绩信息。

（3）成绩排序：可按照总分和学号进行排序,通常包括升序和降序两种排序方式。

（4）成绩统计：统计每门课的平均分。

（5）成绩修改：允许用户对已录入的成绩进行修改,以提高数据的准确性和灵活性。

（6）成绩删除：对于不再需要的学生成绩记录,提供删除功能,以保持数据库的整洁和高效。

（7）数据保存：将学生的成绩信息保存到文件中,以便在程序关闭后仍能保留数据,并在下次运行时加载这些数据。

（8）数据加载：从文件中加载已保存的学生成绩信息,以便在程序启动时快速恢复数据。

（9）用户交互界面：设计一个简单的文本菜单或命令行界面,让用户能够方便地选择和执行上述各项功能。

（10）错误处理：对用户输入进行校验,确保数据的合法性和准确性,并在发生错误时给出明确的提示信息。

在实际设计中,需要注意代码的健壮性、可读性和可维护性,以确保系统能够长期稳定地运行。

21.2　系统分析

对学生成绩管理系统的功能进行分析,该系统需要有成绩录入、成绩查询、成绩修改、成绩删除、成绩统计、成绩排序、成绩加载共七个功能。具体的功能描述如下。

（1）成绩录入：可录入学生学号、姓名、各科成绩(语文、数学、英语),数据保存在文件中。

（2）成绩查询：可通过学号、姓名查询成绩。

（3）成绩删除：可通过姓名从文件中删除对应的数据。

（4）成绩修改：可通过姓名查询后,对成绩进行修改。

（5）成绩统计：可统计各科的平均成绩。

（6）成绩排序：可按学号升序对成绩进行排序,也可按总分降序对成绩进行排序。

（7）成绩加载：输出所有学生的成绩。

系统功能模块图如图 21-1 所示。

图 21-1　学生成绩管理系统功能模块图

21.3　系统设计

在进行学生成绩管理系统的设计时,可以遵循"自顶向下,逐步求精"的结构化程序设计思想。这一方法强调从系统的高层功能开始,逐步分解细化到具体实现。针对学生成绩管理系统,首先可以定义系统的主要功能模块,然后将这些模块进一步细化为更小的、易于实现的函数。每个模块再细化为具体的函数实现,如读取文件、添加成绩、计算平均分及输出成绩列表等,确保系统功能清晰、易于维护和扩展。

(1) main()主函数:

main()函数首先调用 ReadScoreFromFile()函数从 student.txt 文件读入学生成绩,提示共读入几个学生的成绩,并显示功能菜单,利用 switch 多分支选择结构语句来判断选择哪个功能,再使用 while 循环来实现每执行完一个功能后再次显示功能菜单,供用户选择功能。

(2) AddStudent()函数用于添加学生成绩:

在此函数中输入学生姓名、学号、各科成绩(语文、数学、英语的成绩),再将数据保存在结构体数组 students 中,同时把数据保存在 student.txt 文件中。

(3) DelStudent()函数用于删除学生成绩:

在此函数中输入学生姓名,在结构体数组 students 中查询该学生,如果查询到该学生则将该学生的数据从数组 students 中删除,并调用函数 SaveScoreToFile()函数将数组 students 中的数据写入 student.txt 文件;如果没有查询到该学生,提示删除失败。

(4) UpdateStudent()函数用于修改学生成绩:

在此函数中,可通过学生姓名对学生成绩进行修改。如果输入的姓名存在,则可修改成绩,将数据保存在结构体数组 students 中,并调用函数 SaveScoreToFile()函数将数组 students 中的数据写入 student.txt 文件;如果输入的姓名不存在则提示姓名不存在。

(5) SearchByName()函数用于通过姓名查询学生成绩:

在此函数中,可通过姓名查询成绩,并显示对应的成绩。

(6) SearchByNumber()函数用于通过学号查询学生成绩:

在此函数中,可通过学号查询成绩,并显示对应的成绩。

(7) Average()函数用于统计各科的平均成绩:

此函数统计结构体数组 students 中的学生成绩,并输出每门课的平均成绩。

(8) ShowStudent()函数用于输出学生成绩:

此函数输出保存在结构体数组 students 中的学生成绩。

(9) DecTotal()函数用于按总分降序对学生成绩排序:

此函数按总分降序对保存在结构体数组 students 中的学生成绩排序。

(10) AscNumber()函数用于按学号升序对学生成绩排序:

此函数按学号升序对保存在结构体数组 students 中的学生成绩排序。

(11) SaveScoreToFile()函数用于将学生成绩写入文件 student.txt 中：

此函数将保存在结构体数组 students 中的学生成绩写入文件 student.txt 中。

(12) ReadScoreFromFile()函数用于从文件 student.txt 中读出学生成绩：

此函数从文件 student.txt 中读出学生成绩,保存到结构体数组 students 中。

21.4　程序代码

```c
# include < stdio.h>
# include < stdlib.h>
# include < string.h>
# define MAX_STUDENTS 50          //学生人数最多50人
void AddStudent();                //添加学生成绩
void DelStudent();                //删除学生成绩
void UpdateStudent();             //修改学生成绩
void SearchByName();              //查询学生成绩
void SearchByNumber();            //通过学号查询学生成绩
void Average();                   //统计并输出每门课的平均成绩
void ShowStudent();               //输出学生成绩
void DecTotal();                  //按总分降序对成绩进行排序
void AscNumber();                 //按学号升序对成绩进行排序
void SaveScoreToFile();           //将学生成绩写入文件 student.txt 中
void ReadScoreFromFile();         //从文件 student.txt 中读出学生成绩
struct Student {
    char name[20];                //学生姓名
    char number[20];              //学生学号
    int Chinese,math,English,total;   //语文、数学、英语成绩和总分
};
struct Student students[MAX_STUDENTS];
int studentCount;
int main() {
    int selectFunction;           //用于记录所选择的功能序号
    ReadScoreFromFile();
    printf("\n\t\t 已从文件 D:\\student.txt 中读出 %d 个学生的成绩数据\n",studentCount);
    while(1) {        //此处的循环是为了在执行完所选功能后,再次显示功能菜单
        printf("\n\n\t\t= = = = = = 欢迎使用学生成绩管理系统 = = = = = = \n");
        printf("\n");
        printf("\t\t\t\t 1.添加学生成绩\n");
        printf("\t\t\t\t 2.删除学生成绩\n");
        printf("\t\t\t\t 3.修改学生成绩\n");
        printf("\t\t\t\t 4.按照学生姓名查询成绩\n");
        printf("\t\t\t\t 5.按照学生学号查询成绩\n");
        printf("\t\t\t\t 6.统计课程平均成绩\n");
        printf("\t\t\t\t 7.输出所有学生的成绩\n");
        printf("\t\t\t\t 8.按照总分降序对成绩进行排序\n");
        printf("\t\t\t\t 9.按照学号升序对成绩进行排序\n");
```

```
            printf("\t\t\t\t 0.保存数据退出系统\n");
            printf("\n");
            printf("\t\t\t 请输入您选择的功能序号:");
            scanf(" %d",&selectFunction);
            switch(selectFunction) {
                case 1:
                    AddStudent();
                    break;
                case 2:
                    DelStudent();
                    break;
                case 3:
                    UpdateStudent();
                    break;
                case 4:
                    SearchByName();
                    break;
                case 5:
                    SearchByNumber();
                    break;
                case 6:
                    Average();
                    break;
                case 7:
                    ShowStudent();
                    break;
                case 8:
                    DecTotal();
                    break;
                case 9:
                    AscNumber();
                    break;
                case 0:
                    SaveScoreToFile();
                    return 0;
            }
        }
}
/****** 将学生成绩写入文件 D:\\student.txt 中 ******/
void SaveScoreToFile() {
    FILE *file;
    int i = 0;
    file = fopen("D:\\student.txt", "w");
    for (i = 0; i < studentCount; i++) {
        fprintf(file," %s,", students[i].name);
        fprintf(file," %s,", students[i].number);
        fprintf(file," %d,", students[i].Chinese);
        fprintf(file," %d,", students[i].math);
        fprintf(file," %d,", students[i].English);
```

```
            fprintf(file,"%d\n", students[i].total);
        }
        fclose(file);
}
/****** 从文件 D:\\student.txt 中读入学生成绩 ******/
void ReadScoreFromFile() {
        FILE *file;
        file = fopen("D:\\student.txt", "r");
        studentCount = 0;
        if (!file) {
            perror("Failed to open file");
            exit(EXIT_FAILURE); //立即终止当前程序的执行,退出系统
        }
        /*把文件中的学生成绩存入结构体变量 students 中 */
        while (fscanf(file, "%[^,],%[^,],%d,%d,%d,%d\n", students[studentCount].name,
students[studentCount].number, &students[studentCount].Chinese, &students[studentCount].
math,&students[studentCount].English,&students[studentCount].total) != EOF && studentCount
< MAX_STUDENTS) {
            studentCount++;
        }
        fclose(file);
}
/****** 添加学生成绩 ******/
void AddStudent() {
        struct Student student;
        printf("\n请输入学生姓名:\n");
        scanf("%s",student.name);
        printf("请输入学生学号:\n");
        scanf("%s",student.number);
        printf("请分别输入语文、数学、英语的成绩:\n");
        scanf("%d%d%d",&student.Chinese,&student.math,&student.English);
        student.total = student.Chinese + student.math + student.English;
        students[studentCount++] = student;
        SaveScoreToFile();
        printf("\n添加成功!目前共有%d个学生的成绩\n\n",studentCount);
}
/****** 删除学生成绩 ******/
void DelStudent() {
        bool searchFlag = false; //查询到为 true,否则为 false
        char name[20];
        int i;
        printf("请输入要删除学生的姓名:\n");
        scanf("%s",name);
        for (i = 0; i < studentCount; i++)
            if(strcmp(students[i].name,name) == 0){
                searchFlag = true;
                break;
            }
        if(searchFlag){
```

```
        for(; i < studentCount - 1; i++)
            students[i] = students[i + 1];
        studentCount -- ;
        SaveScoreToFile();
        printf("\n删除成功!目前共有%d个学生的成绩\n\n",studentCount);
    }else{
        printf("\n删除失败!姓名【%s】不存在\n\n",name);
    }
}
/****** 修改学生成绩 ******/
void UpdateStudent() {
    bool searchFlag = false; //查询到则为true,否则为false
    int i;
    struct Student student;
    printf("请输入学生姓名:\n");
    scanf("%s",&student.name);
    for (i = 0; i < studentCount; i++){
        if(strcmp(students[i].name, student.name) == 0){ /*查询到姓名*/
            searchFlag = true;
            printf("请分别输入语文、数学、英语的成绩:\n");
            scanf("%d%d%d",&student.Chinese,&student.math, &student.English);
            student.total = student.Chinese + student.math + student.English;
            students[i].Chinese = student.Chinese;
            students[i].math = student.math;
            students[i].English = student.English;
            students[i].total = student.Chinese + student.math + student.English;
            SaveScoreToFile();
            printf("\n修改成功!目前共有%d个学生的成绩\n\n",studentCount);
        }
    }
    if(!searchFlag){//没有查询到姓名
        printf("\n修改失败!姓名【%s】不存在\n\n",student.name);
    }
}
/********* 按照学生姓名进行查询 ********/
void SearchByName() {
    bool searchFlag = false; //查询到为true,否则为false
    char name[20];
    printf("\n请输入要查找学生的姓名:\n");
    scanf("%s",name);
    for (int i = 0; i < studentCount; i++)
        if(strcmp(students[i].name, name) == 0) {
            searchFlag = true;
            printf("\n学生姓名:%s\n", students[i].name);
            printf("学生学号:%s\n", students[i].number);
            printf("学生成绩分别如下:\n");
            printf("语文:%d\n",students[i].Chinese);
            printf("数学:%d\n",students[i].math);
            printf("英语:%d\n" ,students[i].English);
```

```
            printf("总分:% d\n", students[i].total);
            break;
        }
    if(!searchFlag){
        printf("姓名【% s】不存在!",name);
    }
}
/********** 按照学生学号进行查询 ********/
void SearchByNumber() {
    bool searchFlag = false; //查询到为 true,否则为 false
    char number[20];
    printf("\n 请输入要查找学生的学号:\n");
    scanf("% s",number);
    for (int i = 0; i < studentCount; i++)
        if(strcmp(students[i].number, number) == 0) {
            searchFlag = true;
            printf("\n 学生姓名:% s\n", students[i].name);
            printf("学生学号:% s\n", students[i].number);
            printf("学生成绩分别如下:\n");
            printf("语文:% d\n",students[i].Chinese);
            printf("数学:% d\n",students[i].math);
            printf("英语:% d\n" ,students[i].English);
            printf("总分:% d\n", students[i].total);
            break;
        }
    if(!searchFlag){
        printf("学号【% s】不存在!",number);
    }
}
/****** 分别统计并输出每门课的平均成绩 ******/
void Average() {
    double ChineseSum = 0,mathSum = 0,EnglishSum = 0;
    for (int i = 0; i < studentCount; i++) {
        ChineseSum += students[i].Chinese;
        mathSum += students[i].math;
        EnglishSum += students[i].English;
    }
    printf("\n\t\t 三门课的平均成绩:\n");
    printf("\t\t 语文平均成绩:% 5.2f\n",ChineseSum/studentCount);
    printf("\t\t 数学平均成绩:% 5.2f\n", mathSum/studentCount);
    printf("\t\t 英语平均成绩:% 5.2f\n" ,EnglishSum/studentCount);
}
/****** 输出学生成绩 ******/
void ShowStudent() {
    printf("\n");
    printf("\t\t|学生姓名|学生学号|语 文|数 学|英 语|总 分|\n");
    for (int i = 0; i < studentCount; i++) {
        printf("\t\t| % - 8s| % - 8s| % 4d | % 4d | % 4d | % 4d\n",
    students[i].name,students[i].number,students[i].Chinese,students[i].math,students[i]
.English, students[i].total);
```

```
        }
    }
    /******* 按照总分降序对成绩进行排序 *****/
    void DecTotal() {
        int max,K;
        struct Student t;
        for (int i = 0; i < studentCount - 1; i++) {
            max = students[i].total,K = i;
            for (int j = i + 1; j < studentCount; j++)
                if (max < students[j].total)
                    max = students[j].total,K = j;
            t = students[i];
            students[i] = students[K];
            students[K] = t;
        }
        printf("\t\t ******* 按照总分降序对成绩进行排序 ********\n");
        ShowStudent();
        SaveScoreToFile();
    }
    /******* 按照学号升序对成绩进行排序 ******/
    void AscNumber() {
        int K;
        char min[20];
        struct Student t;
        for (int i = 0; i < studentCount - 1; i++) {
            strcpy(min, students[i].number),K = i;
            for (int j = i + 1; j < studentCount; j++)
                if (strcmp(min, students[j].number) > 0)/* 对于 strcmp 函数,min 大于 students[j]
.number 时,结果大于 0 */
                strcpy(min, students[j].number),K = j;
                t = students[i];
                students[i] = students[K];
                students[K] = t;
        }
        printf("\t\t ******* 按照学号升序对成绩进行排序******\n");
        ShowStudent();
        SaveScoreToFile();
    }
```

21.5 调试运行

在 D 盘中需要有 student.txt 文件,即"D:\student.txt",才可顺利调试运行系统。
(1) 功能选择界面。
运行程序,进入学生成绩管理系统的功能选择界面,如图 21-2 所示。

（2）添加学生成绩。

选择功能序号"1"，则可运行"添加学生成绩"功能，可输入姓名、学号、成绩，数据存入文件 student.txt 中，如图 21-3 所示。

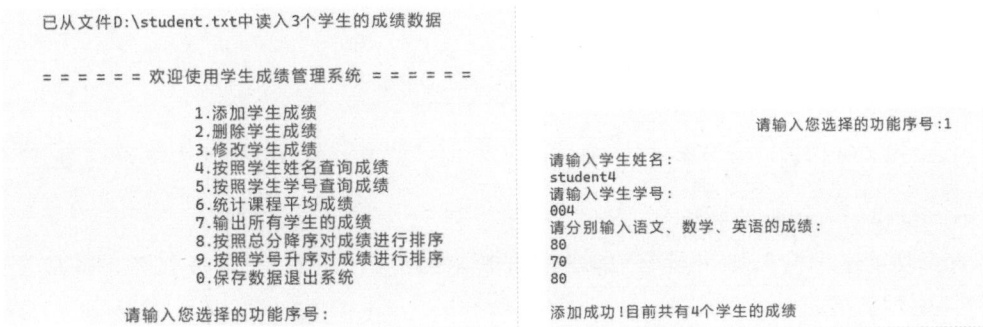

已从文件D:\student.txt中读入3个学生的成绩数据

＝＝＝＝＝＝ 欢迎使用学生成绩管理系统 ＝＝＝＝＝＝

　　　　　1.添加学生成绩
　　　　　2.删除学生成绩
　　　　　3.修改学生成绩
　　　　　4.按照学生姓名查询成绩
　　　　　5.按照学生学号查询成绩
　　　　　6.统计课程平均成绩
　　　　　7.输出所有学生的成绩
　　　　　8.按照总分降序对成绩进行排序
　　　　　9.按照学号升序对成绩进行排序
　　　　　0.保存数据退出系统

　　请输入您选择的功能序号：

图 21-2　系统功能选择界面

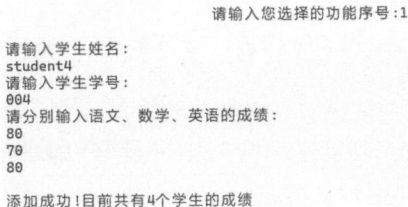

请输入您选择的功能序号：1

请输入学生姓名：
student4
请输入学生学号：
004
请分别输入语文、数学、英语的成绩：
80
70
80

添加成功!目前共有4个学生的成绩

图 21-3　添加学生成绩

（3）删除学生成绩。

选择功能序号"2"，则可运行"删除学生成绩"功能，通过学生姓名从文件 student.txt 中删除对应学生的信息，如图 21-4 所示。

（4）修改学生成绩。

选择功能序号"3"，则可运行"修改学生成绩"功能，通过学生姓名修改文件 student.txt 中对应学生的成绩，如图 21-5 所示。

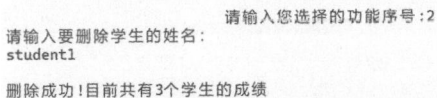

请输入您选择的功能序号：2

请输入要删除学生的姓名：
student1

删除成功!目前共有3个学生的成绩

图 21-4　删除学生成绩

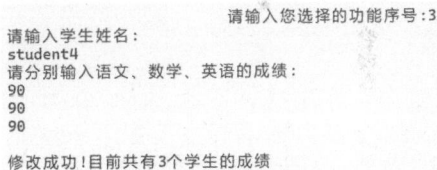

请输入您选择的功能序号：3

请输入学生姓名：
student4
请分别输入语文、数学、英语的成绩：
90
90
90

修改成功!目前共有3个学生的成绩

图 21-5　修改学生成绩

（5）按学生姓名查询成绩。

选择功能序号"4"，则可运行"按照学生姓名查询成绩"功能，通过学生姓名查询出对应学生的成绩，如图 21-6 所示。

（6）按学生学号查询成绩。

选择功能序号"5"，则可运行"按照学生学号查询成绩"功能，通过学生学号查询出对应学生的成绩，如图 21-7 所示。

（7）统计课程平均成绩。

选择功能序号"6"，则可运行"统计课程平均成绩"功能，显示全部课程的平均成绩，如图 21-8 所示。

```
                  请输入您选择的功能序号:4
请输入要查找学生的姓名:
student4

学生姓名:student4
学生学号:004
学生成绩分别如下:
语文:90
数学:90
英语:90
总分:270
```

图 21-6　按照学生姓名查询成绩

```
                              请输入您选择的功能序号:5
              请输入要查找学生的学号:
              004

              学生姓名:student4
              学生学号:004
              学生成绩分别如下:
              语文:90
              数学:90
              英语:90
              总分:270
```

图 21-7　按照学生学号查询成绩

（8）输出所有学生的成绩。

选择功能序号"7"，则可运行"输出所有学生的成绩"功能，显示全部学生的成绩，如图 21-9 所示。

```
                请输入您选择的功能序号:6
      三门课的平均成绩:
      语文平均成绩:86.67
      数学平均成绩:90.00
      英语平均成绩:80.00
```

图 21-8　统计课程平均成绩

```
                  请输入您选择的功能序号:7
      |学生姓名|学生学号|语 文|数 学|英 语|总 分|
      |student2|002  |    80 |    90 |    70 | 240 |
      |student3|003  |    90 |    90 |    80 | 260 |
      |student4|004  |    90 |    90 |    90 | 270 |
```

图 21-9　输出所有学生的成绩

（9）按照总分降序对成绩进行排序。

选择功能序号"8"，则可运行"按照总分降序对成绩进行排序"功能，如图 21-10 所示。

（10）按照学号升序对成绩进行排序。

选择功能序号"9"，则可运行"按照学号升序对成绩进行排序"功能，如图 21-11 所示。

```
                请输入您选择的功能序号:8
      ******* 按照总分降序对成绩进行排序 ********

      |学生姓名|学生学号|语 文|数 学|英 语|总 分|
      |student4|004  |    90 |    90 |    90 | 270 |
      |student3|003  |    90 |    90 |    80 | 260 |
      |student2|002  |    80 |    90 |    70 | 240 |
```

图 21-10　按照总分降序对成绩进行排序

```
                请输入您选择的功能序号:9
      *******按照学号升序对成绩进行排序******

      |学生姓名|学生学号|语 文|数 学|英 语|总 分|
      |student2|002  |    80 |    90 |    70 | 240 |
      |student3|003  |    90 |    90 |    80 | 260 |
      |student4|004  |    90 |    90 |    90 | 270 |
```

图 21-11　按照学号升序对成绩进行排序

## 第 22 章

实战 2 银行 ATM 模拟系统

22.1 系统描述

银行自动取款机(ATM)模拟系统旨在模拟真实世界中银行 ATM 的基本功能。该系统通过命令行界面与用户交互,允许用户执行如余额查询、取款、存款等常见银行操作。本系统旨在提高用户对 ATM 操作的理解,同时通过实战演练,提高 C 语言的综合编程能力。

22.2 系统分析

银行 ATM 模拟系统的功能如下。

(1) 余额查询:显示当前账户余额。

(2) 取款:输入取款金额,若余额足够则执行取款操作,否则提示余额不足。

(3) 存款(可选):输入存款金额,增加账户余额。

(4) 退出系统:结束当前会话,退出程序。

系统功能模块图如图 22-1 所示。

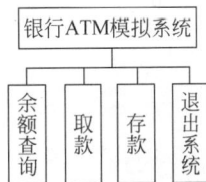

图 22-1 银行 ATM 模拟系统 功能模块图

22.3 系统设计

本系统旨在模拟银行 ATM 的基本功能,包括余额查询、取款、存款以及退出系统等操作。通过结构化程序设计方法,首先可以定义系统的主要功能模块,然后将这些模块进一步细化为更小的、易于实现的函数。每个模块再细化为具体的函数实现,确保功能的清晰划分和代码的可维护性。

22.4　程序代码

```c
#include <stdio.h>
#include <stdlib.h>
#include <string.h>
#define MAX_USERS 100
#define USERNAME_LEN 50
typedef struct {
    char username[USERNAME_LEN];
    float balance;
} User;
User users[MAX_USERS];
int userCount = 0;
/*** 函数声明 ***/
void loadUsersFromFile(const char *filename);        //从文件中加载用户
void saveUsersToFile(const char *filename);          //保存信息到文件
void displayMenu();                                  //显示菜单
void checkBalance(const char *username);             //查询余额
void deposit(const char *username, float amount);    //存钱
void withdraw(const char *username, float amount);   //取钱
/*** 从文件中加载用户信息 ***/
void loadUsersFromFile(const char *filename) {
    FILE *file = fopen(filename, "r");
    if (!file) {
        perror("Failed to open file");
        exit(EXIT_FAILURE);
    }
    while (fscanf(file, "%[^,], %f\n", users[userCount].username, &users[userCount]
.balance) != EOF && userCount < MAX_USERS) {
        userCount++;
    }
    fclose(file);
}
/*** 保存用户信息到文件中 ***/
void saveUsersToFile(const char *filename) {
    FILE *file = fopen(filename, "w");
    if (!file) {
        perror("Failed to open file");
        exit(EXIT_FAILURE);
    }
    for (int i = 0; i < userCount; i++) {
        fprintf(file, "%s, %f\n", users[i].username, users[i].balance);
    }
    fclose(file);
}
/*** 显示菜单 ***/
void displayMenu() {
```

```
        printf("\t ======== 欢迎使用 ATM 系统 ======== \n");
        printf("\t\t 1. Check Balance\n");
        printf("\t\t 2. Deposit\n");
        printf("\t\t 3. Withdraw\n");
        printf("\t\t 4. Exit\n");
        printf("\t\t Enter your choice: ");
}
/*** 查询余额 ***/
void checkBalance(const char *username) {
    int found = 0;
    for (int i = 0; i < userCount; i++) {
        if (strcmp(users[i].username, username) == 0) {
            printf("Balance: %.2f\n", users[i].balance);
            found = 1;
            break;
        }
    }
    if (!found) {
        printf("User not found.\n");
    }
}
/*** 存钱 ***/
void deposit(const char *username, float amount) {
    for (int i = 0; i < userCount; i++) {
        if (strcmp(users[i].username, username) == 0) {
            users[i].balance += amount;
            printf("Deposit successful. New balance: %.2f\n", users[i].balance);
            return;
        }
    }
    printf("User not found.\n");
}
/*** 取钱 ***/
void withdraw(const char *username, float amount) {
    for (int i = 0; i < userCount; i++) {
        if (strcmp(users[i].username, username) == 0) {
            if (users[i].balance >= amount) {
                users[i].balance -= amount;
                printf("Withdrawal successful. New balance: %.2f\n", users[i].balance);
            } else {
                printf("Insufficient funds.\n");
            }
            return;
        }
    }
    printf("User not found.\n");
}
int main() {
    char choice;
    char username[USERNAME_LEN];
```

```
        float amount;
        loadUsersFromFile("users.txt");        //加载用户数据
        while (1) {
            displayMenu();                      //显示菜单
            scanf(" %c", &choice);              //注意%c前的空格,用于忽略任何之前的换行符
            if (choice == '1') {                //查询余额
                printf("Enter username: ");
                scanf("%s", username); /*注意这里没有限制输入长度,实际使用时应考虑安全
性*/
                checkBalance(username);
            } else if (choice == '2') {        //存款
                printf("Enter username: ");
                scanf("%s", username);
                printf("Enter amount to deposit: ");
                scanf("%f", &amount);
                deposit(username, amount);
                saveUsersToFile("users.txt"); /*这里调用 saveUsersToFile("users.txt");来保存
更改*/
            } else if (choice == '3') {        // 取款
                printf("Enter username: ");
                scanf("%s", username);
                printf("Enter amount to withdraw: ");
                scanf("%f", &amount);
                withdraw(username, amount);
                saveUsersToFile("users.txt"); /* 这里同样可以调用 saveUsersToFile("users.
txt");*/
            } else if (choice == '4') {        // 退出
                printf("Exiting...\n");
                saveUsersToFile("users.txt"); //在退出前保存所有更改是一个好习惯
                break;
            } else {                            //无效选择
                printf("Invalid choice. Please try again. \n");
            }
        }
        return 0;
}
```

22.5 调试运行

运行程序,进入系统功能选择页面,如图 22-2 所示。

选择菜单功能"1",即查询余额功能,输入用户姓名后按 Enter 键,可显示此用户的余额,并再次输出菜单,如图 22-3 所示。

在图 22-3 中查询了用户"user1"的余额,显示余额为 1000 元。

选择菜单功能"2",即存款功能,输入用户姓名后,再输入存款金额,则会提示存款成功并输出账户余额,如图 22-4 所示。

```
========欢迎使用ATM系统========
        1. Check Balance
        2. Deposit
        3. Withdraw
        4. Exit
        Enter your choice:
```

```
Enter your choice: 1
Enter username: user1
Balance: 1000.00
========欢迎使用ATM系统========
        1. Check Balance
        2. Deposit
        3. Withdraw
        4. Exit
        Enter your choice: |
```

图 22-2　系统功能选择页面　　　　　　　图 22-3　余额查询页面

选择菜单功能“3”，即取款功能，输入用户姓名后，再输入取款金额，则会提示取款成功并输出账户余额，如图 22-5 所示。

```
Enter your choice: 2
Enter username: user1
Enter amount to deposit: 1000
Deposit successful. New balance: 2000.00
========欢迎使用ATM系统========
        1. Check Balance
        2. Deposit
        3. Withdraw
        4. Exit
        Enter your choice: |
```

```
Enter your choice: 3
Enter username: user1
Enter amount to withdraw: 500
Withdrawal successful. New balance: 1500.00
========欢迎使用ATM系统========
        1. Check Balance
        2. Deposit
        3. Withdraw
        4. Exit
        Enter your choice:
```

图 22-4　存款页面　　　　　　　　　　图 22-5　取款页面

选择菜单功能“4”，则可直接退出系统。

第四部分 测试习题

第四部分包含九个专项测试、一个综合应用测试和习题参考答案。测试习题题型包括选择题、填空题和编程题。测试习题的知识点设计遵循了前面章节的内容顺序，循序渐进地帮助读者检验自己对各个知识点的掌握情况，深化对 C 语言的理解与应用。

第 23 章 测试习题

测 试 习 题

23.1 C 语言基础与数据类型、运算符和表达式

一、选择题

1. 一个 C 程序的执行是从（　　）。

　　A. 本程序的 main() 函数开始，到 main() 函数结束

　　B. 本程序文件的第一个函数开始，到本程序文件的最后一个函数结束

　　C. 本程序的 main() 函数开始，到本程序文件的最后一个函数结束

　　D. 本程序文件的第一个函数开始，到本程序 main() 函数结束

2. 在以下选项中，合法的用户标识符是（　　）。

　　A. 12abc　　　　　　B. _name　　　　　　C. num-123　　　　　D. age * 245

3. 下列说法正确的是（　　）。

　　A. 在执行 C 程序时不是从 main() 函数开始的

　　B. C 语言程序书写格式严格限制，一行内必须写一个语句

　　C. C 语言程序书写格式自由，一个语句可以分写在多行上

　　D. C 语言程序书写格式严格限制，一行内必须写一个语句，并要有行号

4. 下面四个选项中，均是合法实型常量是（　　）。

　　A. +1e+1　　　　5e-9.4　　　　0.3e2

　　B. .60　　　　1.23e-4　　　　-4.5678e5

　　C. 1.23e　　　　1.2e-0.4　　　　+2e-1

　　D. -e3　　　　0.8e-4　　　　5.

5. 下面正确的字符型常量是（　　）。

　　A. '\x47'　　　　　　B. '\90'　　　　　　C. 'ab'　　　　　　D. "\n"

6. 在 C 语言中，要求参加运算的数必须是整数的运算符是（　　）。

　　A. /　　　　　　　　B. *　　　　　　　　C. %　　　　　　　　D. =

7. 若 a 是整型变量，则执行表达式"a=25/3%3"后，a 的值是（　　）。

A. 0 　　　　　　B. 1 　　　　　　C. 2 　　　　　　D. 3

8. 设 int a＝4,b＝5,c＝6,则下列表达式的值不为 0 的是(　　)。

A. a==b || b==c B. a || c 　　　　C. !a && b 　　　　D. a>b && b<c

9. 判断字符型变量 ch 为大写字母的表达式是(　　)。

A. 'A'<=ch<='Z' 　　　　　　　　B. (ch>='A') & (ch<='Z')

C. (ch>='A') && (ch<='Z') 　　　D. (ch>='A') AND (ch<='Z')

10. 有定义"char ch1='D',ch2;",现在要求把 ch1 转换为小写字母并赋值给 ch2,以下正确的是(　　)。

A. ch2=ch1+32 　B. ch2=ch1-32 　C. ch2=ch1+64 　D. ch2=ch1-64

11. 有定义"char c2;",则执行语句"c2='A'+'6'-'3';"后,c2 中的值为(　　)。

A. 'D' 　　　　　B. 不确定的值 　　C. 'A' 　　　　　D. 'C'

12. 有定义"int a＝3;",则执行语句"a+=a-=a*=a;"后,变量 a 的值是(　　)。

A. 3 　　　　　　B. 9 　　　　　　C. 0 　　　　　　D. -12

13. 设 int a＝0,b＝5,执行表达式"++a||++b","a+b"之后,a,b 和表达式的值分别是(　　)。

A. 1,5,7 　　　　B. 1,6,7 　　　　C. 1,5,6 　　　　D. 0,5,7

14. 若 int k＝7,x＝12,则能使值为 3 的表达式是(　　)。

A. x%=(k%=5) 　　　　　　　　　B. x%=(k-k%5)

C. x%=k-k%5 　　　　　　　　　　D. (x%=k)-(k%=5)

15. 设以下变量均为整型,则值不等于 7 的表达式是(　　)。

A. (x=y=6,x+y,x+1) 　　　　　　B. (x=y=6,x+y,y+1)

C. (y=6,y+1,x-y,x+1) 　　　　　　D. (x=6,x+1,y=6,x+y)

16. 设整型变量 a,b,c,d 均为 1,m,n 的初值为 20,则执行"(m=a>b)&&(n=c>d)"后,m,n 的值是(　　)。

A. 0,0 　　　　　B. 0,20 　　　　C. 1,0 　　　　　D. 1,1

17. 设 int a; float f; double i;,则表达式"10+'a'+i*f"值的数据类型是(　　)。

A. int 　　　　　B. float 　　　　C. double 　　　　D. char

18. 表达式"18/4*sqrt(4.0)/8"值的数据类型是(　　)。

A. int 　　　　　B. float 　　　　C. double 　　　　D. 不确定

19. 当 a=5,b=4,c=2 时,表达式"a>b!=c"的值是(　　)。

A. 1 　　　　　　B. 0 　　　　　　C. -1 　　　　　D. 非 0 的数

20. 设 x,i,j,k 都是整型变量,表达式"x=(i=4,j=16,k=32)"计算后,x 的值为(　　)。

A. 4 　　　　　　B. 16 　　　　　C. 20 　　　　　D. 32

二、填空题

1. 十进制数 123,转换为二进制数为(　　)。

2. 表达式 18/4*sqrt(4.0)/8 值的数据类型是(　　)。

3. 设 float x＝16.8,y＝8.5,则表达式"(int)(x＋y)"的结果为(   )。

4. 如果 int i＝3,int j＝1,则语句"k＝i＋＋－j"执行之后 k、i 和 j 的值分别为(   )。

5. 以下程序的运行结果是(   )。

```
# include< stdio. h>
int main()
{
    int a = 4,b = 5,c = 0,d;
    d = !a&&!b||!c;
    printf("% d\n",d);
    return 0;
}
```

23.2 数据的输入输出和顺序结构程序设计

一、选择题

1. C 语言的程序一行写不下时,可以(   )。

　　A. 用逗号换行 　　　　　　　　　　B. 用分号换行

　　C. 在任意一空格处换行 　　　　　　D. 用 Enter 键换行

2. putchar()函数可以向终端输出一个(   )。

　　A. 实型变量值 　　　　　　　　　　B. 整型变量表达式值

　　C. 字符常量或字符型变量的值 　　　D. 字符串

3. 已有如下定义和输入语句,若要求 a1、a2、c1、c2 的值分别为 10、20、A、B,当从第一列开始输入数据时,正确的数据输入方式是(   )。

```
int a1,a2; char c1,c2;
scanf("% d% c% d% c",&a1,&c1,&a2,&c2);        // ↙表示输入 Enter 键,以下相同
```

　　A. 10A 20B↙ 　　　　　　　　　　B. 10 A 20 B↙

　　C. 10 A 20 B↙ 　　　　　　　　D. 10A20 B↙

4. 对于下述语句,若将 10 赋给变量 k1 和 k3,将 20 赋给变量 k2 和 k4,则应按(   )方式输入数据。

```
int k1,k2,k3,k4;
scanf("% d% d",&k1,&k2);
scanf("% d, % d",&k3,&k4);
```

　　A. 10 20↙ 　　　　　　　　　　　　B. 10　20↙

　　　　10 20↙ 　　　　　　　　　　　　　　10 20↙

　　C. 10,20　↙ 　　　　　　　　　　　D. 10 20↙

　　　　10,20↙ 　　　　　　　　　　　　　　10,20↙

5. 若运行时输入"12345678"并按下 Enter 键,则下列程序运行结果为（   ）。

```
#include < stdio.h>
int main()
{
    int a,b;
    scanf(" % 2d % 3d",&a,&b);
    printf(" % d\n",a + b);
    return 0;
}
```

    A. 46   B. 357   C. 579   D. 5690

6. 执行下列程序片段时输出结果是（   ）。

```
int x = 15,y = 9;
printf(" % d",x % = (y/ = 2));
```

    A. 3   B. 2   C. 1   D. 0

7. 若定义 x 为 double 型变量,则能正确输入 x 值的语句是（   ）。

    A. scanf("%f",x);   B. scanf("%f",& x);

    C. scanf("%lf",& x);   D. scanf("%5.1f",& x);

8. 在 C 语言中,putchar()和 getchar()函数分别用于（   ）。

    A. putchar()用于从标准输入读取一个字符,getchar()用于向标准输出写一个字符

    B. putchar()用于向标准输出写一个字符,getchar()用于从标准输入读取一个字符

    C. putchar()和 getchar()都用于从标准输入读取一个字符

    D. putchar()和 getchar()都用于向标准输出写一个字符

9. 已知 i,j,k 为整型变量,若从键盘输入"1,2,3 < Enter 键>",使 i 的值为 1,j 的值为 2,k 的值为 3,以下选项中正确的输入语句是（   ）。

    A. scanf("%2d%2d%2d",&i,&j,&k);

    B. scanf("%d_%d_%d",&i,&j,&k);

    C. scanf("%d,%d,%d",&i,&j,&k);

    D. scanf("i=%d,j=%d,k=%d",&i,&j,&k);

10. 以下程序段的输出结果是（   ）。

```
printf(" % 10.3f\n",1000.7654321);
```

    A. " 1000.765"   B. "1000.765 "   C. "1000.765"   D. "1000.76500"

11. 以下哪个输入字符串能够正确地被如下 scanf 语句读取并赋值给变量 a、b、c?

```
scanf(" % d, % d, % d",&a,&b,&c);
```

    A. 1 2 3   B. 1,2,3   C. 1, 2, 3   D. 1 , 2 , 3

12. 以下程序段的输出结果是(   )。

```
int x = 100, y = 200;
printf(" % d",(x,y));
```

    A. 100   B. 100 200   C. 输出错误   D. 200

13. 以下程序的运行结果是(   )。

```
# include < stdio. h >
int main()
{
    int m = 2, n = 2, k;
    int a = 1, b = 2, c = 3;
    k = (m = a > b) && (n = b > c);
    printf("k = % d, m = % d, n = % d\n", k, m, n);
    return 0;
}
```

    A. k＝0,m＝0,n＝2   B. k＝0,m＝0,n＝1

    C. k＝0,m＝0,n＝0   D. k＝0,m＝2,n＝2

14. 以下程序的运行结果是(   )。

```
# include < stdio. h >
int main()
{
    char ch1, ch2;
    ch1 = 'A' + 5 - 3;
    ch2 = 'A' + '6' - '3';
    printf(" % d, % c\n", ch1, ch2);
    return 0;
}
```

    A. 67,D   B. B,C   C. C,D   D. 不确定的值

15. 以下程序的运行结果是(   )。

```
# include < stdio. h >
int main()
{
    int x = 10, y;
    y = x++ - 5;
    printf(" % d, % d\n", x, y);
    y = ++x - 5;
    printf(" % d, % d\n", x, y);
    return 0;
}
```

A. 11,5　　　　B. 10,6　　　　C. 11,6　　　　D. 10,5
12,7　　　　　　11,6　　　　　　12,7　　　　　　12,6

二、填空题

1. 在输入多个数值数据时,若格式控制字符串中没有空格,作为输入数据之间的间隔符,可以使用(　　)、Tab 键、Enter 键作为间隔。

2. 已知 int x＝10,y＝20,z＝30,则执行语句"y＝x;x＝y;y＝z;"后,x,y,z 的值分别是(　　)。

3. 有一输入函数 scanf("%d",m);,则不能使整型变量 m 得到正确数值的原因可能是未指明(　　)的地址。

4. 若有定义语句"char c1＝'b',c2＝'a';",则执行语句"printf("%c,%d",c2＋3,c1);"后,输出结果是(　　), 98。

5. 以下程序的运行结果为(　　)。

```
# include < stdio. h>
int main()
{
    int a = 100,b = 6;
    int c,d,x;
    float y;
    c = a/b;
    d = a % b;
    printf(" % d, % d\n",c,d);
    return 0;
}
```

三、编程题

1. 请编写一个 C 语言程序,输入学生的学号、年龄和身高,并输出这些信息,其中年龄为正整数,身高单位为 cm,结果保留一位小数。

2. 请编写一个 C 语言程序,声明并初始化三个整数变量 a、b、c 和 d,分别赋值为 5、19、36 和 47,计算并输出这四个数的平均值,结果保留两位小数。

3. 请编写一个 C 语言程序,有一个圆锥体,底面圆的半径为 r,圆柱高为 h,求底面圆周长,底面圆面积和圆锥体体积。要求从屏幕输入 r 和 h 的具体数值,结果保留三位小数。

4. 请编写一个 C 语言程序,要求从屏幕输入一个五位整数 a,分别输出它的个位、十位、百位、千位、万位。

23.3　选择结构程序设计

一、选择题

1. 有说明语句"int x,a,b,c;"则以下不合法的 if 语句是(　　)。

    A. if(a==b) x++;   B. if(a<=b) x++;

    C. if(a<>b) x++;   D. if(a>=b) x++;

2. 对于如下程序段,何时执行后的结果为 true(　　)。

```
if(i=0) printf("true");
else       printf("false");
```

    A. 总是   B. 绝不会   C. 当i为0时   D. 当i不为0时

3. 为了避免在 if 语句的嵌套中产生歧义,C语言规定:else 子句总是与(　　)配对。

    A. 缩进排位位置相同的 if   B. 其之前最近尚未匹配的 if

    C. 其之后最近的 if   D. 同一行上的 if

4. C语言中的关系表达式的值有"真"或"假"两种,"真"用整数(　　)表示。

    A. 0   B. 1   C. 2   D. 非 0

5. 有定义语句"int i=5,j=6;",执行语句"printf("%d",i>=j?i+j:i−j);"输出的值是(　　)。

    A. 11   B. 1   C. −1   D. 0

6. 有如下代码段,则 x、y、z 的值分别是多少(　　)。

```
int x = 10, y = 20, z = 30;
   if(x > y)
      z = x; x = y; y = z;
```

    A. 10,20,30   B. 20,30,30

    C. 20,30,10   D. 20,30,20

7. 若 $a=10,b=20,c=-10$,条件表达式"(y=a<b?a:b)<c?y:c"的值为(　　)。

    A. 10   B. 20   C. −10   D. 0

8. 在 C 语言中,以下关于 switch 语句的描述中,正确的是(　　)。

    A. switch 语句中的 case 子句必须包含 break 语句,否则会导致程序出错

    B. switch 语句中的表达式只能是整型或字符型

    C. switch 语句中的 default 子句是必需的,且只能放在最后

    D. switch 语句中的 case 子句的值必须是连续递增的整数

9. 编译运行以下程序,可能产生的结果为(　　)。

```
#include <stdio.h>
int main()
{
    int x = 0, y = 2, z = 1;
    if (x = y + z)
        printf("***");
    else
```

```
        printf("＃＃＃");
    return 0;
}
```

A. 有语法错误,不能通过编译

B. 输出:＊＊＊

C. 可以编译,但不能通过连接,所以不能运行

D. 输出:＃＃＃

10. 以下程序的运行结果是(   )。

```
# include < stdio.h>
int main()
{
    int x = 10, y = 20, t;
    if(x < y)
    {   t = x; x = y; y = t;   }
    printf("x = ％d, y = ％d\n", x, y);
    return 0;
}
```

A. x＝10,y＝20   B. x＝20,y＝20   C. x＝20,y＝10   D. x＝10,y＝10

11. 编译运行以下程序,可能产生的结果为(   )。

```
# include < stdio.h>
int main()
{
    int a = 5, b = 0, c = 0;
    if(a + b + c)
        printf("***\n");
    else
        printf("＄＄＄\n");
    return 0;
}
```

A. 有语法错误,不能通过编译   B. 输出＊＊＊

C. 可以通过编译但是不能通过连接   D. 输出＄＄＄

12. 以下程序的运行结果是(   )。

```
# include < stdio.h>
int main()
{
    int x = 1, a = 0, b = 0;
    switch(x)
    {
        case 0:b++;
```

```
        case 1:a++;
        case 2:a++;b++;
    }
    printf("a = % d,b = % d\n",a,b);
    return 0;
}
```

A. a＝2,b＝1　　　B. a＝1,b＝1　　　C. a＝1,b＝0　　　D. a＝2,b＝2

13. 以下 C 语言程序运行后,哪个结果是正确的?

```
# include < stdio. h>
int main() {
    int a = 10, b = 20, c = 30;
    if (a < b) {
        if (b < c) printf("b is less than c\n");
        else printf("b is not less than c\n");
    } else {
        if (a > c) printf("a is greater than c\n");
        else printf("a is not greater than c\n");
    }
    return 0;
}
```

A. 程序将输出 "a is greater than c"

B. 程序将输出 "b is not less than c"

C. 程序将输出 "b is less than c"

D. 程序将输出 "a is not greater than c"

二、填空题

1. switch 语句执行过程中,在常量表达式中找与之相等的分支作为执行入口,并从该分支的语句序列开始执行下去,直到遇到(　　　)或 switch 的结束括号"}"为止。

2. 假设所有变量均为整型,表达式"$(a＝2,b＝6,a＞b?\ a－－:b＋＋,a＋b)$"的值是(　　　)。

3. 要使 x 满足的条件是"$4＜x＜8$ 或 $x＜－20$",则相应的 C 语言表达式是(　　　)。

4. 以下程序的运行结果是(　　　)。

```
# include < stdio. h>
int main()
{
    int x,a = 1,b = 3,c = 5,d = 4;
    if (a < b)
    {
        if (c < d) x = 2;
        else
        {
```

```
            if (a < c)
                if (b < d) x = 3;
                else x = 4;
            else x = 5;
        }
    }
    else x = 6;
    printf(" % d\n",x);
    return 0;
}
```

5. 下面程序的功能是输出三个整数中的最小值,则①处应填入的内容是(　　)。

```
# include < stdio. h >
int main(){
    int a,b,c,min;
    printf("请输入三个整数:");
    scanf(" % d % d % d",&a,&b,&c);
    min = a;
    if(  ①  ) min = b;
    if(c < min) min = c;
    printf("min = % d",min);
    return 0;
}
```

三、编程题

1. 请编写一个 C 语言程序,输入四个整数 a、b、c、d,求最小值并输出。

2. 请编写一个 C 语言程序,该程序能够接收用户输入的一个数字(0～6),这个数字代表一周中的某一天(0 代表星期日,1 代表星期一,以此类推,6 代表星期六)。程序将根据用户输入的数字,输出对应的星期名称。

3. 请编写一个 C 语言程序,从键盘上输入一个百分制整数成绩 score,按下列原则输出其等级:score≥90,等级为 A;80≤score＜90,等级为 B;70≤score＜80,等级为 C;60≤score＜70,等级为 D;score＜60,等级为 E。

4. 请编写一个 C 语言程序,根据用户购买的商品金额计算折扣。输入金额后,根据以下标准输出折扣后的金额,并进一步输出折扣分类。

(1) 如果金额大于或等于 1000,折扣 15%,且折扣后金额大于或等于 1000,输出"高额购物",否则,输出"适度购物";

(2) 如果金额大于或等于 500,折扣 10%,且折扣后金额大于或等于 600,输出"中等购物",否则,输出"优惠购物";

(3) 如果金额未达到折扣额度,输出原金额和"无折扣"。

23.4 循环结构程序设计

一、选择题

1. 有如下程序段,则下面描述正确的是(　　)。

```
int k = 10;
    while (k!= 0) k = k - 1;
```

    A. while 循环执行 10 次　　　　　　　　B. 循环是无限循环

    C. 循环体语句一次也不执行　　　　　　D. 循环体语句执行一次

2. 以下描述中正确的是(　　)。

    A. do-while 循环的循环体只能是一条语句,因此循环体内不能使用复合语句

    B. 在 do-while 循环中,由 do 开始 while 结束,在 while(表达式)后面不能写分号

    C. 在 do-while 循环体中,不一定要有能使 while 后面表达式的值变为零的操作

    D. 在 do-while 循环中,根据情况可以省略 while

3. 以下程序段的输出结果是(　　)。

```
int x = - 1;
do  {   x = x * x;   }  while (!x);
```

    A. 是死循环　　　　B. 循环执行一次　　C. 循环执行两次　　D. 有语法错误

4. 以下能正确计算 $1\times2\times3\times\cdots\times10$ 的程序段是(　　)。

    A. do {i=1; s=1; s=s*i; i++;} while(i<=10);

    B. do {i=1; s=0; s=s*i; i++;} while(i<=10);

    C. i=1; s=1; do {s=s*i; i++;} while(i<=10);

    D. i=1; s=0; do {s=s*i; i++;} while(i<=10);

5. 对 for(表达式 1; ;表达式 3)可理解为(　　)。

    A. for(表达式 1; 0; 表达式 3)

    B. for(表达式 1; 1;表达式 3)

    C. for(表达式 1; 表达式 1;表达式 3)

    D. for(表达式 1; 表达式 3; 表达式 3)

6. 下列程序段执行后,变量 x 的值是(　　)。

```
for(x = 2; x < 10; x = x + 3);
```

    A. 2　　　　　　　　B. 8　　　　　　　　C. 10　　　　　　　　D. 11

7. 下面有关 for 循环的正确描述是(　　)。

    A. for 循环只能用于循环次数已经确定的情况

B. for 循环是先执行循环体语句,后判断表达式

C. for 循环中,不能用 break 语句跳出循环体

D. for 循环的循环体语句中,可以包含多条语句,但必须用花括号括起来

8. 以下程序段的输出结果是(   )。

```
int s,i;
for (s = 0, i = 1; i <= 3; i++, s += i);
printf("%d\n",s);
```

   A. 5   B. 9   C. 6   D. 9

9. 若 i 为整型变量,则以下循环执行次数是(   )。

```
for (i = 2; i == 0;) printf("%d",i--);
```

   A. 无限次   B. 0 次   C. 1 次   D. 2 次

10. 以下关于 break 语句的描述中正确的是(   )。

   A. 在 switch 语句中必须使用 break 语句

   B. break 语句只能用于 switch 语句体中

   C. break 语句只能用于循环语句中

   D. 在 break 语句既可以用于 switch 语句中,也可以用于循环语句之中

11. 以下程序段的运行结果是(   )。

```
int n = 0;
while(n <= 2) n++; printf("%d",n);
```

   A. 2   B. 3   C. 4   D. 5

12. 设以下程序段中的 i,j 均为整型变量,则以下程序段执行完后,输出的"OK"个数是(   )。

```
for (i = 1;i <= 5;i++)
    for(j = 1;j <= 4;j++)
        printf("%s" , "OK");
```

   A. 16   B. 20   C. 24   D. 30

13. 以下程序段运行后 n 的值为(   )。

```
for(i = 0; i < 5; i++)
        for(j = 0; j < 4; j++)
            for(k = 0; k < 3; k++)
                n++;
```

   A. 120   B. 60   C. 80   D. 100

14. 以下正确的描述是(   )。

    A. continue 语句的作用是结束整个循环的执行

    B. 在循环体内使用 break 语句或 continue 语句的作用相同

    C. 在多层循环中,使用 break 语句只能结束本层循环的执行

    D. 从多层循环嵌套中退出,只能使用 goto 语句

15. 当输入为"student?"时,下面程序的执行结果是(　　　)。

```c
# include < stdio. h >
int main()
{
    char ch;
    while ( (ch = getchar() ) != '?') putchar(ch);
    return 0;
}
```

    A. student?　　　　B. student　　　　C. tneduts?　　　　D. tneduts

16. 运行下列程序,描述正确的是(　　　)。

```c
# include < stdio. h >
int main()
{
    int x = 3;
    do
    {
        printf(" % d ",x = x - 2);
    }
    while(x >= 0);
    return 0;
}
```

    A. 输出的是 1　　　　　　　　　　B. 输出的是 1 和 −1

    C. 输出的是 3 和 0　　　　　　　　D. 是死循环

17. 以下程序的运行结果是(　　　)。

```c
# include < stdio. h >
int main()
{
    int a, sum = 0;
    for(a = 1; a <= 10; a++)
    {
        sum = sum + a;
        if(sum > 10) break;
    }
    printf("a = % d\n",a);
    return 0;
}
```

    A. a=6　　　　　　B. a=7　　　　　　C. a=11　　　　　　D. a=5

18. 以下程序的运行结果是( )。

```c
#include <stdio.h>
int main()
{
    int num;
    for(num = 0;num <= 2; num++)
    {
        printf("%d ",num);
    }
    return 0;
}
```

　　A. 0 1　　　　　　B. 1 2　　　　　　C. 0 1 2　　　　D. 1 2 3

19. 下面程序的功能是从键盘输入一组字符,并统计大写字母和小写字母的个数,则①处应该填入的表达式为( )。

```c
#include <stdio.h>
int main()
{
    int m = 0,n = 0;
    char c;
    while ( ( ① ) != '\n')
    {
        if (c >= 'A' && c <= 'Z') m++;
        else if (c >= 'a' && c <= 'z') n++;
    }
    printf("大写字母个数:%d,小写字母个数:%d\n",m,n);
    return 0;
}
```

　　A. c＝getchar( )　　　　　　　　B. getchar( )

　　C. c＝＝getchar( )　　　　　　　D. scanf("%c",&c)

20. 以下程序的输出结果是( )。

```c
#include <stdio.h>
int main()
{
    int k = 1;
    int n = 463;
    while(n)
    {
        k = k * (n % 10);
        n = n/10;
    }
    printf("%d\n",k);
    return 0;
}
```

A. 13   B. 36   C. 72   D. 14

二、填空题

1. 在 C 语言中使用( )来提前结束本次循环,并继续下一次循环的判断。

2. 代码段"int x＝5;while (x＞0) printf ("%d",x--);"的循环执行次数为( )。

3. 下面程序的功能是在输入的一批正整数中求最大者,输入 0 则结束循环。则①处应该填入的表达式为( )。

```
# include < stdio. h >
int main()
{
    int a,max = 0;
    scanf(" % d",&a);
    while(   ①   )
    {
        if(a > max) max = a;
        scanf(" % d",&a);
    }
    printf(" % d",max);
    return 0;
}
```

4. 以下程序的运行结果是( )。

```
# include < stdio. h >
int main()
{
    int i;
    for (i = 4;i < = 10;i++)
    {
        if (i % 3!= 0) continue;
        printf(" % d ",i);
    }
}
```

5. 以下程序段的输出结果是( )。

```
int s = 0,k;
    for (k = 5; k > = 0; k -- )
    {
        switch(k)
        {
            case 1:
            case 5:s = s + 1;break;
            case 3:
            case 4:s = s + 2;break;
            case 0:
```

```
            case 2:s = s + 3;break;
        }
    }
    printf("s = % d\n",s);
```

三、编程题

1. 请编写一个 C 语言程序，要求用户输入一个正整数 $m(m \geq 1)$，计算并输出从 1 到 m（包含 m）所有整数的和。

2. 请编写一个 C 语言程序，输出 1000 以内能被 3 整除且个位数为 5 的所有整数。

3. 请编写一个 C 语言程序，实现在屏幕上输出九九乘法表的功能，格式如图 23-1 所示。

```
1*1=1
1*2=2    2*2=4
1*3=3    2*3=6    3*3=9
1*4=4    2*4=8    3*4=12   4*4=16
1*5=5    2*5=10   3*5=15   4*5=20   5*5=25
1*6=6    2*6=12   3*6=18   4*6=24   5*6=30   6*6=36
1*7=7    2*7=14   3*7=21   4*7=28   5*7=35   6*7=42   7*7=49
1*8=8    2*8=16   3*8=24   4*8=32   5*8=40   6*8=48   7*8=56   8*8=64
1*9=9    2*9=18   3*9=27   4*9=36   5*9=45   6*9=54   7*9=63   8*9=72   9*9=81
```

图 23-1 九九乘法表格式

4. 国庆节期间，小明去公园参加猜字谜游戏。游戏规则：小明有三次猜测的机会，他需要在三次机会内猜出谜底"华"字。如果小明在三次机会内成功猜出谜底，他将获得一个小礼品，否则游戏失败。请编写一个 C 语言程序，模拟这个猜字谜游戏的过程。

5. 四叶玫瑰数是指一个四位数每位上的数字的四次幂之和等于它本身。例如：$abcd = a^4 + b^4 + c^4 + d^4$，其中 a、b、c、d 分别代表该数的千位、百位、十位和个位数字。请编写一个 C 语言程序，输出所有的四叶玫瑰数。

23.5 数组的构造与应用

一、选择题

1. 在 C 语言中，引用数组元素时，其数组下标的数据类型允许是( )。

  A. 整型常量   B. 整型常量或整型表达式

  C. 整型表达式   D. 任何类型的表达式

2. 若有如下数组定义，则数组的最小值和最大值的元素下标分别为( )。

```
int a[10] = {3,2,1,4,5,10,7,8,9,6};
```

  A. 2,5   B. 1,9   C. 3,6   D. 4,8

3. 以下对一维数组 a 的正确声明是( )。

  A. char a(10);   B. int a[ ];

  C. int k=5,a[k];   D. char a[ ]={'a', 'b', 'c'};

4. int a[4]={5,30,9,20}；其中 a[3]的值为（　　）。

    A. 5　　　　　　　　B. 30　　　　　　　　C. 9　　　　　　　　D. 20

5. 若有以下语句：

```
char x[ ] = "12345";
char y[ ] = {'1', '2', '3', '4', '5'};
```

则正确的描述是（　　）。

    A. 数组 x 与数组 y 的长度相同　　　　　B. 数组 x 的长度大于数组 y 的长度

    C. 数组 x 的长度小于数组 y 的长度　　　D. 数组 x 等价于数组 y

6. 若有说明语句"int a[2][4];"，则对 a 数组元素的正确引用是（　　）。

    A. a[0][3]　　　　　B. a[0][4]　　　　　C. a[2][2]　　　　　D. a[2][2+1]

7. 若有说明语句"int y[ ][4]={0,0};"，则下面叙述不正确的是（　　）。

    A. 数组 y 的每个元素都可得初值 0

    B. 二维数组 y 的行数为 1

    C. 该说明等价于 int y[ ][4]={0};

    D. 只有元素 y[0][0]和 y[0][1]可得到初值 0，其余元素均得不到初值 0

8. 以下能对二维数组 y 进行初始化的语句是（　　）。

    A. int y[2][ ]={{1,0,1}, {5,2,3}};

    B. int y[ ][3]={{1,2,3}, {4,5,6}};

    C. int y[2][4]={{1,2,3}, {4,5}, {6}};

    D. int y[ ][3]={{1,0,1,0}, { }, {1,1}};

9. 数组定义为"int a[3][2]={1,2,3,4,5,6};"，则值为 6 的数组元素为（　　）。

    A. a[3][2]　　　　　B. a[2][1]　　　　　C. a[1][2]　　　　　D. a[2][3]

10. 若二维数组 y 有 m 列，则在 y[i][j]前的元素个数为（　　）。

    A. j*m+i　　　　　B. i*m+j　　　　　C. i*m+j−1　　　　　D. i*m+j+1

11. 有如下程序段：

```
int a[3][3] = {1,2,3,4,5,6,7,8,9},i,j,sum = 0;
    for(i = 0;i < 3;i++)
        for(j = 0;j <= i;j++) sum = sum + a[i][j];
```

则执行该程序段后，sum 的值是（　　）。

    A. 21　　　　　　　　B. 34　　　　　　　　C. 15　　　　　　　　D. 19

12. 有两个字符数组 a,b，则以下能正确为 a,b 进行赋值的语句是（　　）。

    A. gets(a, b);　　　　　　　　　　　　B. scanf("%s%s", &a, &b);

    C. getchar(a); getchar(b);　　　　　　D. gets(a); gets(b);

13. 以下对字符数组的描述中错误的是（　　）。

    A. 字符数组中可以存放字符串

B. 字符数组中的字符串可以整体输入、输出

C. 可以在赋值语句中通过赋值运算符"="对字符数组整体赋值

D. 不可以用关系运算符对字符数组中的字符串进行比较

14. 有声明"char str[10];",则下列语句正确的是(　　)。

A. scanf("%s",&str); 　　　　　　　B. printf("%c",str);

C. printf("%s",str[0]); 　　　　　　D. printf("%s",str);

15. 下列不能正确把字符串 C program 赋值给数组的选项是(　　)。

A. char　a[10]={'C', ' ', 'p', 'r', 'o', 'g', 'r', 'a', 'm'};

B. char　a[10];　strcpy(a, "C program");

C. char　a[10];　a= "C program";

D. char　a[10]="C program";

16. 若有语句"char s1[10], s2[10]={"books"};",则能将字符串 books 赋值给数组 s1 的正确语句是(　　)。

A. s1={"books"}; 　B. strcpy(s1, s2); 　C. s1=s2; 　　　　D. strcpy(s2, s1);

17. 下列中能用来把字符串 str2 连接到字符串 str1 之后的选项是(　　)。

A. strcat(str1,str2); 　　　　　　B. strcat(str2,str1);

C. strcpy(str1,str2); 　　　　　　D. strcmp(str1,str2);

18. 有数组定义"char str[ ]="China";",则数组 str 所占的空间是(　　)。

A. 4 个字节 　　　　B. 5 个字节 　　　　C. 6 个字节 　　　　D. 7 个字节

19. 以下程序的运行结果是(　　)。

```
#include<stdio.h>
int main()
{
    int a[6],i;
    for(i=1;i<6;i++)
    {
        a[i]=9*(i-2)%5;
        printf("%3d",a[i]);
    }
    return 0;
}
```

A. -4 0 4 0 4 　　　　　　　　B. -4 0 4 0 3

C. -4 0 4 4 3 　　　　　　　　D. -4 0 4 3 2

20. 下面程序的功能是检查一个二维数组是否对称(即对所有的 a[i][j]=a[j][i])。则下画线部分应该填写的语句是(　　)。

```
#include<stdio.h>
int main()
{
    int a[4][4]={1,2,3,4,2,2,5,6,3,5,5,3,7,4,6,7,4};
    int i, j, found=1;
    for (j=0;j<4;j++)
```

```
       for (i = 0; i < 4;i++)
           if (a[i][j]!= a[j][i])
           {
               _____;
               break;
           }
       printf("found =  % d",found);
}
```

    A. found＝0   B. found＝1   C. found＝2   D. found＝3

二、填空题

1. 已知定义"int a[3][4];",则对该数组第二行第二列数组元素引用是(　　　)。

2. 字符串"COMPUTER"占用(　　　)个储存单元。

3. 一个数组有 10 个元素,元素是有序的,保证元素紧凑,则插入一个元素最多需要移动(　　)个元素。

4. 有如下程序段:

```
int a[3][3] = {1,2,3,4,5,6,7,8,9},i,j,sum = 0;
    for(i = 0;i < 3;i++)
        for(j = 0;j <= i;j++) sum = sum + a[i][j];
```

则执行该程序段后,sum 的值是(　　　)。

5. 下面程序的功能是求出矩阵 *a* 的两条对角线上的元素之和。则下画线部分应该填写的条件是(　　　)。

```
# include < stdio. h>
int main()
{
    int a[3][3] = {1, 3, 6, 2, 5, 8, 9, 7, 4};
    int sum1 = 0, sum2 = 0, i, j;
    for (i = 0;i < 3;i++)
        for (j = 0;j < 3;j++)
        {
            if (i == j)
                sum1 += a[i][j];
            _____
                sum2 += a[i][j];
        }
    printf("sum1 = % d,sum2 = % d\n", sum1, sum2);
    return 0;
}
```

三、编程题

1. 请编写一个 C 语言程序,定义一个数组如下(已经从大到小排序):

```
int a[11] = {99,87,70,66,52,42,33,25,17,6};
```

输入一个整数 number,把 number 插入这个数组中,保证数组 a 从大到小的顺序排序。(提示:若 number 比原来所有的数小,则放到最后,比原来所有的数大,则放到最前)

2. 请编写一个 C 语言程序,给定一个数组,将数组中的元素向右循环移动 k 位。比如数组[1,2,3,4,5]右移 2 位后变成[4,5,1,2,3]。要求第一行输入一个整数 n,表示数组的长度,第二行输入 n 个整数,表示数组的元素,第三行输入一个整数 k,表示要右移的位数。程序输出右移后的数组元素,数字之间用空格隔开。

3. 请编写一个 C 语言程序,输入一个年份和月份,然后输出该月份的日历。输出该月份的日历,第一行是 Su Mo Tu We Th Fr Sa,表示星期天到星期六,日历根据年份和月份自动调整,第一天对齐到对应的星期位置。要求程序能够正确处理闰年和普通年份的情况。

4. 请编写一个 C 语言程序,使用二维数组存储学生的三门课程成绩,并实现以下功能:计算并输出每个学生的平均成绩,找到并输出每门课程的最高分和最低分。

23.6　函数的应用

一、选择题

1. 以下正确的函数定义形式是(　　　)。
   A. double fun(int x,int y)
   B. double fun(int x;int y)
   C. double fun(int x,int y);
   D. double fun(int x,y);

2. 在一个 C 语言程序中,(　　　)。
   A. main()函数必须出现在所有函数之前
   B. main()函数可以在任何地方出现
   C. main()函数必须出现在所有函数之后
   D. main()函数必须出现在固定位置

3. 定义一个 void 型函数意味着调用该函数时,函数(　　　)。
   A. 通过 return 返回一个用户所希望的函数值
   B. 没有返回值
   C. 返回一个系统默认值
   D. 返回一个不确定的值

4. 在 C 语言的函数中,下列正确的说法是(　　　)。
   A. 必须有形参
   B. 可以有也可以没有形参
   C. 形参必须是变量名
   D. 数组名不能作形参

5. 以下所列的各函数声明中,正确的是(　　　)。
   A. void play(var:Integer,var b:Integer)
   B. void play(int a,b)

    C. void play(int a,int b)

    D. Sub play(a as integer,b as integer)

6. 关于 return 语句,下列正确的说法是(　　)。

    A. 在主函数和其他函数中均要出现

    B. 必须在每个函数中出现

    C. 可以在同一个函数中出现多次

    D. 只能在除主函数之外的函数中出现一次

7. 若函数调用时实参为变量,以下关于函数形参和实参的叙述中正确的是(　　)。

    A. 函数的实参和其对应的形参共占同一存储单元

    B. 形参只是形式上的存在,不占用具体存储单元

    C. 同名的实参和形参占同一存储单元

    D. 函数的形参和实参分别占用不同的存储单元

8. 函数调用时,当实参和形参都是简单变量,他们之间数据传递过程是(　　)。

    A. 实参将其地址传递给形参,并释放原先占用的存储单元

    B. 实参将其地址传递给形参,调用结束时形参再将其地址回传给实参

    C. 实参将其值传递给形参,调用结束时形参再将其值回传给实参

    D. 实参将其值传递给形参,调用结束时形参并不将其值回传给实参

9. 若用数组名作为函数调用的实参,则传递给形参的是(　　)。

    A. 数组的首地址　　　　　　　　　　B. 数组的第一个元素的值

    C. 数组中全部元素的值　　　　　　　D. 数组元素的个数

10. 若函数调用时,用数组名作为函数的参数,以下叙述中正确的是(　　)。

    A. 实参与其对应的形参共用同一段存储空间

    B. 实参与其对应的形参占用相同的存储空间

    C. 实参将其地址传递给形参,同时形参也会将该地址传递给实参

    D. 实参将其地址传递给形参,等同实现了参数之间的双向值的传递

11. 以下关于函数叙述中,错误的是(　　)。

    A. 函数未被调用时,系统将不为形参分配内存单元

    B. 实参与形参的个数应相等,且实参与形参的类型必须对应一致

    C. 形参可以是常量、变量或表达式

    D. 当形参是变量时,实参可以是常量、变量或表达式

12. 若程序中定义函数:

```
float myadd(float a, float b)
{ return a + b;}
```

并将其放在调用语句之后,则在调用之前应对该函数进行声明。以下说明错误的是(　　)。

    A. float myadd(float b, float a);　　　　B. float myadd(float a,b);

    C. float myadd(float, float)；   D. float myadd(float a, float b)；

13. 有如下函数调用语句：

```
func(rec1,rec2 + rec3,(rec4,rec5));
```

该函数调用语句中，含有的实参个数是(　　　)。

    A. 3   B. 4   C. 5   D. 有语法错

14. 以下关于函数的叙述中不正确的是(　　　)。

    A. C 程序是函数的集合，包括标准库函数和用户自定义函数

    B. 在 C 语言程序中，被调用的函数必须在 main()函数中定义

    C. 在 C 语言程序中，函数的定义不能嵌套

    D. 在 C 语言程序中，函数的调用可以嵌套

15. 如果在一个函数的复合语句中定义了一个变量，则该变量(　　　)。

    A. 只在该复合语句中有效，在该复合语句外无效

    B. 在该函数中任何位置都有效

    C. 在本程序的源文件范围内均有效

    D. 此定义方法错误，其变量为非法变量

16. 下列说法不正确的是(　　　)。

    A. 主函数 main()中定义的变量在整个文件或程序中有效

    B. 不同函数中，可以使用相同名字的变量

    C. 形式参数是局部变量

    D. 在函数内部，可在复合语句中定义变量，这些变量只在本复合语句中有效

17. 在一个源程序文件中定义的全局变量的有效范围是(　　　)。

    A. 本源程序文件的全部范围

    B. 一个 C 语言程序的所有源程序文件

    C. 函数内全部范围

    D. 从定义变量的位置开始到源程序文件结束

18. 在 C 语言中，形参的缺省存储类别是(　　　)。

    A. auto   B. register   C. static   D. extern

19. 有以下程序：

```
# include < stdio. h>
void f( int n);          //函数说明
int main()
{
    void f( int n);      //函数说明
    f(5);
```

```
        return 0;
    }
void f( int n)              //函数定义
{
        printf(" % d\n",n);
}
```

则以下叙述中不正确的是(　　　)。

    A. 若只在主函数中对函数 f()进行说明,则只能在主函数中正确调用函数 f()

    B. 若在主函数前对函数 f()进行说明,则在主函数和其后的其他函数中都可以正确调用函数 f()

    C. 对于以上程序,编译时系统会提示出错信息:提示对 f()函数重复说明

    D. 函数 f()定义的是无返回值类型

20. 有以下程序:

```
# include < stdio. h>
int fib(int n)
{
    if(n > 2) return fib(n - 1) + fib(n - 2);
    else return 2;
}
int main()
{
    printf(" % d\n",fib(4));
    return 0;
}
```

该程序的输出结果是(　　　)。

    A. 2　　　　　　　　B. 4　　　　　　　　C. 6　　　　　　　　D. 8

二、填空题

1. 在 C 语言中,函数的形参与实参间数据传递方式是(　　　)的。

2. 函数调用时除了要保证实参和形参个数相同外,还需要保证(　　　)一致。

3. 程序要实现对两个整型参数求平方和的功能,函数 fun()的形参列表为(　　　)。

```
# include < stdio. h>
void fun()
{
    z = x * x + y * y;
}
int main()
{
    int a = 31;
    fun(5,2,a);
    printf(" % d",a);
    return 0;
}
```

4. 以下程序的输出结果是( )。

```c
# include < stdio. h>
int func( int x)
{
    int p;
    if(x == 0 || x == 1) return(3);
    p = x - func(x - 2);
    return p;
}
int main()
{
    printf(" % d\n",func(9));
    return 0;
}
```

5. 以下程序的输出结果是( )。

```c
# include < stdio. h>
int f( int n)
{
    if(n == 1) return 1;
    else return f(n - 1) + n;
}
int main()
{
    int i, sum = 0;
    for(i = 1; i < = 3; i++) sum += f(i);
    printf(" % d\n",sum);
    return 0;
}
```

三、编程题

1. 编写函数判断 n 是否为自幂数(一个自幂数是指一个 n 位数,其各位数字的 n 次幂之和等于该数本身),若是则返回 1,否则返回 0。要求:从键盘输入一个整数,在主函数中调用该函数,判断输入的数是否为自幂数并输出相关信息。

2. 编写函数 unsigned long long factorial(int n),该函数计算并返回一个正整数的阶乘。程序需要实现以下功能:在主函数中提示用户输入一个正整数(20 以内),调用 factorial()函数计算阶乘,并输出结果。

3. 编写函数 ChickenAndRabbit(),求解鸡兔同笼问题。要求在主函数输入头和腿的数量,调用函数 ChickenAndRabbit()计算得出结果,并在主函数输出结果。

23.7 指针的应用

一、选择题

1. 若有以下定义,则赋值语句正确的是( )。

```
int   a,b, *p;
float   c, *q;
```

    A. p＝&c;   B. q＝p;   C. p＝NULL;   D. q＝new int;

2. 若有定义"int x,*pb;",则以下正确的表达式是(　　)。

    A. pb＝&x   B. pb＝x   C. *pb＝&x   D. *pb＝*x

3. 若有以下定义,则说法错误的是(　　)。

```
int a = 100, *p = &a;
```

    A. 声明变量 p,其中*表示 p 是一个指针变量

    B. 变量 p 经初始化,获得变量 a 的地址

    C. 变量 p 只可以指向一个整型变量

    D. 变量 p 的值为 100

4. 如果 x 是整型变量,则下列合法的形式是(　　)。

    A. &(x＋5)   B. *x   C. & *x   D. *&x

5. 有如下定义:

```
int   a[5] = {10,20,30,40,50};
int   p = &a[1];
```

则执行语句"*p++;"之后,*p 的值是(　　)。

    A. 20   B. 30   C. 21   D. 31

6. 若有语句"int a[10]＝{0,1,2,3,4,5,6,7,8,9},*p＝a;",则(　　)不是对 a 数组元素的正确引用(其中 0≤i＜10)。

    A. p[i]   B. *(*(a＋i))   C. a[p－a]   D. *(&a[i])

7. 有如下定义:

```
int   a[5] = {10,20,30,40,50};
int   p = &a[1];
```

则表达式＋＋*p 的值是(　　)。

    A. 20   B. 30   C. 21   D. 31

8. 以下语句不正确的是(　　)。

    A. char a[6]＝"test";   B. char a[6],*p＝a;p＝"test"

    C. char *a;a＝"test";   D. char a[6],*p;p＝a＝"test";

9. 下面判断正确的是(　　)。

    A. "char *a＝"China";"等价于"char *a; *a＝"China";"

    B. "char str[10]＝{"China"};"等价于"char str[10];str[]＝{"China"};"

    C. "char *s＝"China";"等价于"char *s;s＝"China";"

D. "char c[4]="abc",d[4]="abc";"等价于"char c[4]=d[4]="abc";"

10. 若有定义"int a[2][3];",则以下对 a 数组元素的地址正确表示为(　　)。

    A. *(a+1)　　　　B. *(a[1]+2)　　C. a[1]+2　　　　D. a[0][0]

11. 若有语句"int a=4,*p=&a;",下面均代表地址的一组选项是(　　)。

    A. a，p，&*a　　　　　　　　B. *&a，&a，*p

    C. &a，p，&*p　　　　　　　　D. *&p，*p，&a

12. 若程序段"char line[50]="Visual C++";　char *point=line;"则 point 的值为

(　　)。

    A. "Visual C++"　　B. line 的首地址　　C. Visual　　　　D. \0

13. 以下程序的输出结果是(　　)。

```
# include < stdio. h>
void prtv( int * x)
{++*x; }
int main()
{
    int a = 25;
    prtv(&a);
    printf(" % d\n",a);
    return 0;
}
```

    A. 23　　　　　　　B. 24　　　　　　　C. 25　　　　　　D. 26

14. 以下能正确读入字符串的程序段是(　　)。

    A. char *p;　scanf("%s", p);

    B. char str[10];　scanf("%s", &str);

    C. char str[10], *p; p=str;　scanf("%s", p);

    D. char str[10], *p=str;　scanf("%s", p[1]);

15. 以下程序段的运行结果是(　　)。

```
char str[ ] = "ABC", * p = str;
    printf(" % d\n", *(p + 3));
```

    A. 65　　　　　　　B. 66　　　　　　　C. 67　　　　　　D. 0

16. 以下能正确进行字符串赋值操作的是(　　)。

    A. char s[5]={"ABCDE"};

    B. char s[5]={'A', 'B', 'C', 'D', 'E'};

    C. char *s;　*s="ABCDE";

    D. char *s="ABCDE";

17. 若有声明"char *pc[4]={"aaa","bbb","ccc","ddd"};",则以下叙述正确的是

(　　)。

  A. *pc[0]代表的是字符串"aaa"

  B. pc[2]代表的是字符"bbb"

  C. pc[0]代表的是字符串"aaa"

  D. pc[0]代表的是字符'a'

18. 若有定义"int (*p)[3];",则以下叙述正确的是( )。

  A. p是一个指针数组名

  B. p是一个指针,它可以指向一个一维数组中的任意元素

  C. p是一个指针,它可以指向一个含有3个整型元素的一维数组

  D. (*p)[3]等价于*p[3]

19. 若有定义"int x[5],*p=x;",则不能代表x数组首地址的是( )。

  A. x   B. &x[0]   C. p   D. &x

20. 以下函数fun()的功能是( )。

```
int fun(char * ps)
{
    char *p;
    p = ps;
    while(*p) p++;
    return(p - ps);
}
```

  A. 计算字符串的长度   B. 比较两个字符串的大小

  C. 实现字符串的复制   D. 以上三种说法都不对

二、填空题

1. 有语句"int a[10];",则用数组a对指针变量p的正确定义和初始化方法分别是( )。

2. 有定义"int a[10],*p =a;",则用指针表示数组a的第i个元素应为( )。

3. 以下程序段的输出结果为( )。

```
char a[ ] = "language",* ptr = a;
    while(* ptr)
    {
        printf(" % c",* ptr - 32);
        ptr++;
    }
```

4. 以下程序的输出结果是( )。

```
# include < stdio. h>
void sub( int x, int y, int * z)
{ *z = x - y; }
int main()
{
    int a, b, c;
```

```
    sub(10,5,&a); sub(7,a,&b); sub(a,b,&c);
    printf("%d,%d,%d\n",a,b,c);
    return 0;
}
```

5. 以下程序段的输出结果是(　　)。

```
char a[10] = "Program", *ptr;
ptr = a;
for ( ; ptr < a + 7; ptr += 2)
    putchar(*ptr);
```

三、编程题

1. 请编写一个 C 语言程序,用指针法输入 9 个字符,然后按照每行 3 个字符输出。

2. 请编写一个 C 语言程序,该程序接收一个字符串作为输入,并使用指针技术将该字符串反转(即将字符串中的字符顺序颠倒)。最后,分别输出反转前后的字符串。

3. 请编写一个 C 语言程序,判断输入的字符串是否是"回文"(顺序读和倒序读都一样的字符串称"回文",如:level),若是回文则返回 1,否则返回 0。要求在主函数输入字符串,调用函数 isPalindrome()测试所输入的字符串是否是回文,并输出相关信息(用指针法实现)。

4. 请编写一个函数 sortArray(int * arr, int size),该函数使用指针法对一个整数数组进行升序排序。在 main()函数中输入一个整数数组并调用 sortArray()函数,对数组进行排序,然后输出排序后的数组。

23.8　结构体数据的应用

一、选择题

1. 有以下声明语句,则下面的叙述不正确的是(　　)。

```
typedef struct node
{
    int m;
    float n;
}Stype;
```

　　A. struct 是结构体类型的关键字

　　B. Stype 是用户自定义的新类型名

　　C. m 和 n 都是结构体成员名

　　D. Stype 是用户定义的结构体变量名

2. C 语言结构体类型变量在程序执行期间(　　)。

　　A. 所有成员一直驻留在内存中　　　　B. 只有一个成员驻留在内存中

C. 部分成员驻留在内存中   D. 没有成员驻留在内存中

3. 代码定义如下：

```
struct complex
{
    int real, unreal;
}data1 = {1,8},data2;
```

则以下赋值语句中错误的是(   )。

    A. data2＝data1；   B. data2＝(2,6)；

    C. data2. real＝data1. real；   D. data2. real＝data1. unreal；

4. 根据下面的定义，能输出 Mary 的语句是(   )。

```
typedef struct per
{
    char name[20];
    int age;
}Person;
Person class[5] = {"John",17,"Paul",19,"Mary",18,"Adam",16};
```

    A. printf("%s\n",class[1]. name)；

    B. printf("%s\n",class[2]. name)；

    C. printf("%s\n",class[3]. name)；

    D. printf("%s\n",class[0]. name)；

5. 以下对结构体变量 stu1 中成员 age 的非法引用是(   )。

```
struct student
{   int age;
    int num;
}stu1,*p;
p = &stu1;
```

    A. stu1. age   B. student. age   C. p—>age   D. (＊p). age

6. 有如下定义：

```
struct sk
{   int n;
    float x;
}data ,*p;
```

若要使 p 指向 data 中的 n,正确的赋值语句是(   )。

    A. p＝&data. n；   B. ＊p＝data. n；

    C. p＝(struct sk ＊)&data. n；   D. p＝(struct sk ＊)data. n；

7. 以下程序的运行结果是(   )。

```
int main()
{
  struct cmplx
  {   int x;
      int y;
  }cnum[2] = {1,3,2,7};
  printf(" % d\n",cnum[0].y/cnum[0].x * cnum[1].x);
}
```

  A. 0   B. 1   C. 3   D. 6

8. 定义以下结构体类型：

```
struct node
{
    int x;
    float f;
}a[5];
```

则语句"printf("％d",sizeof(a));"的输出结果为(　　)。

  A. 8   B. 30   C. 40   D. 50

9. 以下枚举类型名的定义中正确的是(　　)。

  A. enum a＝{one,two,three};

  B. enum a {one＝9,two＝－1,three};

  C. enum a＝{"one","two","three"};

  D. enum a {"one","two","three"};

10. 运行下列程序,输出结果为(　　)。

```
# include < stdio. h>
typedef union test
{
    short int m;
    char c[2];
}TEST;
int main()
{
    TEST t1;
    t1.c[0] = 'B'; t1.c[1] = 'C';
    printf(" % d\n",t1.m);
    return 0;
}
```

  A. 16961   B. 17218   C. 16706   D. 133

11. 运行下列程序,输出结果为(　　)。

```
# include < stdio. h>
typedef union test
```

```
{
    short int m;
    char c[2];
}TEST;
int main()
{
    TEST t1;
    t1.c[0] = 'B'; t1.c[1] = 'C';
    printf("%d\n",t1.m);
    return 0;
}
```

  A. 16961   B. 17218   C. 16706   D. 133

二、填空题

1. 将 Stu 结构体中成员变量 birth 赋值为 2023 的语句是(　　)。

2. RGB 的颜色取值为 red、green、blue,则定义 RGB 枚举的语句为(　　)。

3. 定义以下结构体数组:

```
struct c
{
    int x;
    int y;
}s[3] = {4,3,2,7,5,8};
```

语句"printf("%d",s[0].x * s[1].y/s[2].x+s[1].x);"的输出结果为(　　)。

4. 以下程序的运行结果是(　　)。

```
#include < stdio.h>
struct   KeyWord
{
    char Key[20];
    int ID;
}kw[] = {"void",1,"char",2,"int",3,"float",4,"double",5};
int main()
{
    printf("%c, %d\n",kw[3].Key[0],kw[3].ID);
    return 0;
}
```

5. 定义以下结构体数组:

```
struct date
{
    int year;
    int month;
    int day;
};
```

```
struct student
{
    char name[20];
    struct date birthday;
}s[4] = {{"zhangsan",2009, 10, 1}, {"lisi",2008, 12, 25}};
```

语句"printf("%s,%d ",s[0].name,s[1].birthday.year);"的输出结果为(　　)。

三、编程题

1. 请编写一个 C 语言程序,定义一个名为 Student 的结构体,用于存储学生的基本信息,包括学号、姓名和成绩。然后,编写一个程序,要求用户输入一个学生的信息,并通过一个函数来展示该学生的信息。此外,还需要编写一个函数来根据学生的成绩判断其等级(如 A、B、C、D、F),并在展示信息时一并输出。

2. 请编写一个 C 语言程序,定义一个结构体类型,用于存放菜谱信息,其中包括:菜名、价格、所属菜系、烹饪方式。然后定义该类型的变量,从键盘输入 4 个菜谱信息,然后按表格式输出所有信息。

3. 请编写一个 C 语言程序,定义一个名为 Family 的结构体,用于表示家庭信息,它包含两个成员:father 和 mother。这两个成员本身也是结构体(即 Parent 结构体),分别表示父亲和母亲的信息,包括姓名(name)、年龄(age)和职业(job)。然后,编写代码来创建一个 Family 类型的变量,并对其初始化,最后输出这个家庭的信息。

23.9　文件类型的应用

一、选择题

1. 文件类型是一个(　　)。

   A. 数组　　　　　　B. 指针　　　　　　C. 结构体　　　　　　D. 地址

2. 若要用 fopen()函数打开一个已存在的二进制文件,该文件要既能读也能追加数据,则文件使用方式字符串应是(　　)。

   A. "ab+"　　　　　　B. "wb+"　　　　　　C. "rb+"　　　　　　D. "ab"

3. fgets()函数的作用是从指定文件读入一个字符串,文件的打开方式必须是(　　)。

   A. 只写　　　　　　　　　　　　　B. 追加

   C. 读或读写　　　　　　　　　　　D. 选项 B 和 C 都正确

4. 已知函数的调用形式"fread(buf, size, count, fp);"其中 buf 表示(　　)。

   A. 一个整形变量,代表要读入的数据项总数

   B. 一个文件指针,指向要读的文件

   C. 一个指针,指向要读入数据的存放地址

   D. 一个存储区,存放要读的数据项

5. 已知有定义"int i;float t;",则下列正确的 fscanf()函数调用语句是(　　)。

A. fscanf(fp,"%d,%6.2f",i,t);　　　　　B. fscanf(fp,i,t);

C. fscanf(fp,%d,%6.2f,i,t);　　　　　D. fscanf(fp,"%d,%6.2f",&i,&t);

6. 当顺利执行文件关闭操作时,fclose()函数的返回值是(　　)。

A. -1　　　　　　B. 1　　　　　　C. 0　　　　　　D. -2

7. rewind()函数的作用是(　　)。

A. 重新打开文件

B. 使文件位置指针重新回到文件末

C. 返回文件长度值

D. 使文件位置指针重新回到文件的开始

8. 当文件 abc.txt 已存在时,执行函数"fopen("abc.txt","r+")"的功能是(　　)。

A. 打开 abc.txt 文件,清除原来的内容

B. 打开 abc.txt 文件,只能写入新的内容

C. 打开 abc.txt 文件,只能读取原有内容

D. 打开 abc.txt 文件,可以读取和写入新内容

9. 若 fp 是指向某文件的指针,且已读到此文件末尾,则库函数"feof(fp)"的返回值是(　　)。

A. EOF　　　　　　B. 0　　　　　　C. 非零值　　　　　　D. NULL

10. 以下叙述中不正确的是(　　)。

A. C 语言中,文本文件以 ASCII 码形式存储数据

B. C 语言中,对二进制的访问速度比文本文件快

C. C 语言中,随机读取方式不适用于文本文件

D. C 语言中,顺序读写方式不适用于二进制文件

二、填空题

1. 文件是指是指存储在(　　)上数据的集合。

2. 根据数据的组织形式,C 语言中将文件分为 ASCII 码文件和(　　)两种类型。

3. C 语言程序使用文件的操作步骤是:首先调用 fopen()函数打开或建立文件,然后再调用读写文件函数对文件进行读写操作,操作完成后应该调用(　　)函数关闭文件。

4. 在正常完成关闭文件操作时,fclose()函数返回值为(　　)。

5. 假设已定义文件指针 fp 指向文本文件 file.txt,则使用 fputc()函数将字符变量 ch 输出到该文件的语句是(　　)。

三、编程题

1. 请编写一个 C 语言程序,该程序将执行以下任务:

(1) 接收用户提供的文件路径和要写入文件的文本内容;

(2) 在指定的文件路径下创建一个文本文件 data.txt(如果文件已存在,则覆盖它);

(3) 将用户提供的文本内容写入该文件中;

(4) 写入完成后关闭文件。

2. 请编写一个 C 语言程序,该程序将执行以下任务:

(1) 接收用户提供的文件路径;

(2) 在指定的文件路径下打开文本文件 data. txt(如果文件不存在,则输出错误信息并退出程序);

(3) 从文件中读取文本内容,并将其输出到控制台上;

(4) 读取完成后关闭文件。

3. 请编写一个 C 语言程序,使用 fseek()函数将文件位置指针移动到文件末尾的前一个字节,并读取该字节的内容。

23.10　综合应用

一、选择题

1. 在 C 语言中,函数返回值类型与 return 语句中的表达式类型不匹配时,会发生(　　)。

　　A. 编译错误

　　B. 运行时错误

　　C. 返回值被强制转换为函数声明的类型

　　D. 程序崩溃

2. 下列选项(　　)正确地描述了 C 语言中的指针特点。

　　A. 指针是一种特殊的变量,用于存储函数的地址

　　B. 指针变量的大小与它所指向的变量类型大小相同

　　C. 指针变量可以存储任意类型的变量地址

　　D. 指针变量可以直接进行算术运算

3. 在 C 语言中,以下函数(　　)能够正确计算并返回两个整数的最大值。

　　A. int max(int a, int b) { return (a > b) ? a : b; }

　　B. int max(int * a, int * b) { return (* a > * b) ? a : b; }

　　C. int max(int a, int b) { if (a > b) return b; else return a; }

　　D. int max(int * a, int * b) { return (* a > b) ? * a : b; }

4. 下列关于 C 语言结构体的描述,(　　)是错误的。

　　A. 结构体是一种用户自定义的数据类型

　　B. 结构体中可以包含多个不同类型的成员

　　C. 结构体变量在声明时必须初始化

　　D. 结构体成员可以通过结构体变量和点运算符访问

5. 在 C 语言中,使用 malloc()函数动态分配内存时,需要包含头文件(　　)。

　　A. < stdlib. h>　　　　B. < stdio. h>　　　　C. < string. h>　　　　D. < memory. h>

6. 在 C 语言中,以下表达式(　　)能够正确地计算出数组 arr 中所有元素的和,其中 arr 是一个包含 n 个整数的数组。

A. int sum = 0; for (int i = 0; i <= n; i++) sum += arr[i];

B. int sum = 0; for (int i = n − 1; i >= 0; i−−) sum += arr[i];

C. int sum = 0; for (int i = 1; i < n; i++) sum += arr[i];

D. int sum = 0; sum = (int *)arr[0]; for (int i = 1; i < n; i++) sum += *(arr + i);

7. 下列关于 C 语言中字符串处理的描述,(   )是正确的,并且其结果为字符串"hello world"。

A. char str[12] = "hello"; strcat(str, " world");(缓冲区溢出)

B. char *str = "hello"; str = "hello world";(指针重新赋值,不修改原字符串)

C. char str1[6] = "hello"; char str2[] = " world"; strcpy(str1, strcat(str1, str2));(越界和未定义行为)

D. char str[12] = "hello"; strncat(str, " world", sizeof(str) − strlen(str) − 1);

8. 在 C 语言中,以下选项(   )是关于♯include 预处理指令的正确描述。

A. ♯include 指令用于包含另一个 C 源文件的全部内容

B. ♯include 指令只能包含标准库头文件

C. ♯include 指令被编译器在执行阶段处理

D. ♯include 指令可以包含用户自定义的头文件

9. 下列关于 C 语言中循环结构的描述,(   )是错误的。

A. for 循环可以在循环体内修改循环控制变量

B. while 循环的循环体至少执行一次

C. do-while 循环的循环体至少执行一次

D. 可以在 for 循环的初始化部分声明变量

10. 下列关于 C 语言中指针运算的描述,(   )是正确的,并且其结果为12。

A. int *p = (int *)0x10; *p += 4; *p = *p + 8;(假设 p 指向的内存有效)

B. int arr[3] = {1, 2, 3}; int *p = arr; p += 4; *p = 12;(越界)

C. int *p = malloc(sizeof(int) *2); *p = 4; *(p + 1) = 12 − *p;

D. char *str = "1234"; str += 2; *str − '0' = 12;(不可修改字符串字面量)

二、填空题

1. 若 $a=10$, $b=20$, $c=−10$,条件表达式"$(y=a<b?a:b)<c?y:c$"的值为(   )。

2. 若有声明"int a[][3]={{1,2,3},{4,5},{6,7}};",则数组 a 的第一维的大小为(   )。

3. 已知"char a[10][30];",用数组 a 处理多个句子,则每个句子字符的个数不能超过(   )。

4. 若有声明"int a[10],*p =a;",则*(p+5)的地址和(   )元素的地址相同。

5. 一个学生信息包含学号、姓名、性别、年龄、地址等属性,将学生作为一个整体处理时应将其定义为一个(   )类型。

三、编程题

1. 请编写一个 C 语言程序,判断 n 是否是素数,是则返回 1,否则返回 0。然后在主函数中验证哥德巴赫猜想:任何大于 5 的奇数都可以表示为三个素数之和,输出被验证的所有和式。例如:$21＝2＋2＋17,21＝3＋5＋13,21＝3＋7＋11,21＝5＋5＋11,21＝7＋7＋7$。(输出时要求每个和式占一行,不能重复输出)

2. 请编写一个 C 语言程序,实现菜单报价。要求:定义一个结构体 MenuItem,包含菜品名称和正常价格,定义一个函数 calculatePrice(),根据输入的菜品名称、淡旺季计算并返回最终价格。在主函数中,让用户输入菜品名称和淡旺季,然后调用 calculatePrice()函数并输出最终价格。

3. 请编写一个 C 语言程序,用于管理图书的新增、借阅和归还。每本书都有一个标题和一个状态(借出或在馆),用户在借阅或归还图书时,需向系统输入对应的操作和相应书名。要求:定义一个结构体 Book,包含书名、作者和状态(借出或在馆)。定义函数 void addBook(Book books[], int *count)用于新增新书,定义函数 void borrowBook(Book books[], int count)用于借阅图书,定义函数 void returnBook(Book books[], int count)用于归还图书。在主函数中,提供一个简单的菜单,让用户选择操作。

23.11　习题参考答案

C 语言基础与数据类型、运算符和表达式

一、选择题

1. A　2. B　3. C　4. B　5. A　6. C　7. C　8. B　9. C　10. A
11. A　12. C　13. C　14. D　15. D　16. B　17. C　18. C　19. A　20. D

二、填空题

1. 1111011　2. double　3. 25　4. 2,4,1　5. 1

数据的输入输出和顺序结构程序设计

一、选择题

1. D　2. C　3. A　4. D　5. B　6. A　7. C　8. B
9. C　10. A　11. B　12. D　13. A　14. A　15. A

二、填空题

1. 空格　2. 10,30,30　3. 变量 m　4. d　5. 16,4

三、编程题

1.

```
# include < stdio. h>
# include < string. h>
```

```
int main() {
    int ID;
    int age;
    float height;
    printf("请输入学生的学号:");
    scanf("%d", &ID);
    printf("请输入年龄(正整数):");
    scanf("%d", &age);
    printf("请输入您的身高(单位:cm):");
    scanf("%f", &height);
    printf("学号: %d\n", ID);
    printf("年龄: %d 岁\n", age);
    printf("身高: %.1f cm\n", height);
    return 0;
}
```

2.

```
#include <stdio.h>
int main() {
    int a = 5, b = 19, c = 36, d = 47;
    float average = float(a + b + c + d) / 4.0;
    printf("四个数的平均值是:%.2f\n", average);
    return 0;
}
```

3.

```
#include <stdio.h>
#include <math.h>
#define PI 3.1415926  // 定义圆周率常量
int main() {
    double r, h;
    double l, s, v;
    printf("请输入圆锥体的底面半径 r: ");
    scanf("%lf", &r);
    printf("请输入圆锥体的高度 h: ");
    scanf("%lf", &h);
    l = 2 * PI * r;
    s = PI * r * r;
    v = (1.0 / 3.0) * PI * r * r * h;
    printf("底面圆周长: %.3lf\n", l);
    printf("底面圆面积: %.3lf\n", s);
    printf("圆锥体体积: %.3lf\n", v);
    return 0;
}
```

4.

```
# include < stdio. h>
int main() {
    int a, units, tens, hund, thous, myria;
    printf("请输入一个五位整数:");
scanf("% d",&a);
    units = a % 10;
    tens = (a / 10) % 10;
    hund = (a / 100) % 10;
    thous = (a / 1000) % 10;
    myria = (a / 10000) % 10;
    printf("整数%d的个位是:%d\n", a, units);
    printf("整数%d的十位是:%d\n", a, tens);
    printf("整数%d的百位是:%d\n", a, hund);
    printf("整数%d的千位是:%d\n", a, thous);
    printf("整数%d的万位是:%d\n", a, myria);
    return 0;
}
```

选择结构程序设计

一、选择题

1. C　2. B　3. B　4. B　5. C　6. B　7. C
8. B　9. B　10. C　11. B　12. A　13. C

二、填空题

1. break　　2. 9　　3. $x>4$ && $x<8$ || $x<-20$　　4. 3　　5. $b<min$

三、编程题

1.

```
# include < stdio. h>
int main() {
    int a, b, c, d;
    int min;
    printf("请输入四个整数:\n");
    scanf("% d % d % d % d", &a, &b, &c, &d);
    min = a;              // 假设a是最小值,然后比较其他值
    if (b < min) min = b;
    if (c < min) min = c;
    if (d < min) min = d;
    printf("最小值是:%d\n", min);
    return 0;
}
```

2.

```
# include < stdio. h>
int main() {
    int day;
    printf("请输入一个 0～6 的数字,代表一周中的某一天(0 代表星期日,6 代表星期六): ");
    scanf(" % d", &day);
    switch (day) {
        case 0:
            printf("星期天\n");
            break;
        case 1:
            printf("星期一\n");
            break;
        case 2:
            printf("星期二\n");
            break;
        case 3:
            printf("星期三\n");
            break;
        case 4:
            printf("星期四\n");
            break;
        case 5:
            printf("星期五\n");
            break;
        case 6:
            printf("星期六\n");
            break;
        default:
            printf("输入错误,请输入 0～6 的数字.\n");
            break;
    }
    return 0;
}
```

3.

```
# include < stdio. h>
int main() {
    int score;
    char grade;
    printf("请输入一个百分制整数成绩: ");
    scanf(" % d", &score);
      if (score > = 90) {
        grade = 'A';
    } else if (score > = 80) {
        grade = 'B';
```

```
    } else if (score >= 70) {
        grade = 'C';
    } else if (score >= 60) {
        grade = 'D';
    } else {
        grade = 'E';
    }
    printf("等级为%c\n", grade);
    return 0;
}
```

4.

```
#include <stdio.h>
int main() {
    float a, disc, sum;
    printf("请输入购买的商品金额:");
    scanf("%f", &a);
    if(a<0){
        printf("输入无效,请输入非负金额.\n");
        return 0;
    }
    if (a >= 1000) {
        disc = 0.15;
        sum = a * (1 - disc);
        printf("折扣后的金额为%.2f\n", sum);
        if (sum >= 1000) {
            printf("分类:高额购物\n");
        } else {
            printf("分类:适度购物\n");
        }
    } else if (a >= 500) {
        disc = 0.10;
        sum = a * (1 - disc);
        printf("折扣后的金额为%.2f\n", sum);
        if (sum >= 600) {
            printf("分类:中等购物\n");
        } else {
            printf("分类:优惠购物\n");
        }
    } else {
        sum = a;
        printf("折扣后的金额为%.2f\n", sum);
        printf("分类:无折扣\n");
    }
    return 0;
}
```

循环结构程序设计

一、选择题

1. A　　2. C　　3. B　　4. C　　5. B　　6. D　　7. D　　8. D　　9. B　　10. D

11. B　12. B　13. A　14. C　15. B　16. B　17. D　18. C　19. A　20. C

二、填空题

1. continue　　　2. 5　　　3. a！＝0　　　4. 6 9　　　5. s＝12

三、编程题

1.

```c
#include <stdio.h>
int main() {
    int m, sum = 0;
    printf("请输入一个正整数 m(m≥1): ");
    scanf("%d", &m);
    if (m < 1) {
        printf("输入错误,请输入一个正整数(m≥1).\n");
        return 1;
    }
    for (int i = 1; i <= m; i++) {
        sum += i;       // 将当前整数 i 加到 sum 上
    }
    printf("从 1 到 %d 之间所有整数的和为 %d\n", m, sum);
    return 0;
}
```

2.

```c
#include <stdio.h>
int main() {
    for (int i = 0; i < 1000; i++) {
        if (i % 3 == 0 && i % 10 == 5) {
            printf("%d\n", i);
        }
    }
    return 0;
}
```

3.

```c
#include <stdio.h>
int main() {
    int i, j;
    for (i = 1; i <= 9; i++) {
        for (j = 1; j <= i; j++) {
```

```
            printf("%d * %d = %2d\t", j, i, i * j);
        }
        printf("\n");
    }
    return 0;
}
```

4.

```
# include < stdio. h>
# include < string. h>
int main() {
    char ans[10];
    int times = 3;
    printf("欢迎参加猜字谜游戏!\n");
    printf("你有三次机会猜出谜底.请开始你的猜测吧:\n");
    for (int i = 1; i <= times; i++) {
        printf("第%d次猜测:", i);
        scanf("%s", ans);
        if (strcmp(ans, "华") == 0) {
            printf("恭喜你,猜对了!你获得了一个小礼品!\n");
            return 0;
        } else {
            printf("猜错了.\n");
        }
    }
    printf("很遗憾,你三次都没猜对,游戏失败!\n");
    return 0;
}
```

5.

```
# include < stdio. h>
# include < math. h>
int main() {
    int num, result = 0;
    int units, tens, hund, thous;
    printf("所有的四叶玫瑰数有:\n");
    for (num = 1000; num <= 9999; num++) {
        result = 0;
        units = num % 10;
        tens = (num / 10) % 10;
        hund = (num / 100) % 10;
        thous = (num / 1000) % 10;
        result = pow(units, 4) + pow(tens, 4) + pow(hund, 4) + pow(thous, 4);
        if (result == num) {
            printf("%d\n", num);
        }
    }
    return 0;
}
```

数组的构造与应用

一、选择题

1. B 　2. A 　3. D 　4. D 　5. B 　6. A 　7. D 　8. B 　9. B 　10. B

11. B 　12. D 　13. C 　14. D 　15. C 　16. B 　17. A 　18. C 　19. D 　20. B

二、填空题

1. a[1][1] 　　2. 9 　　3. 10 　　4. 34 　　5. if (i+j==2)

三、编程题

1.

```c
# include < stdio.h >
int main() {
    int a[11] = {99, 87, 70, 66, 52, 42, 33, 25, 17, 6};
    int number, i, j;
    printf("请输入一个整数:");
    scanf("%d", &number);
    for (i = 0; i < 10; i++) {
        if (number > a[i]) {
            break;
        }
    }
    for (j = 10; j > i; j--) {
        a[j] = a[j - 1];
    }
    a[i] = number;
    printf("插入后的数组为\n");
    for (i = 0; i < 11; i++) {
        printf("%d ", a[i]);
    }
    return 0;
}
```

2.

```c
# include < stdio.h >
int main() {
    int n, k;
    int a[100],t[100];
    printf("请输入数组长度:");
    scanf("%d", &n);
    printf("请输入数组元素:");
    for (int i = 0; i < n; i++)
        scanf("%d", &a[i]);
    printf("请输入要右移的位数:");
    scanf("%d", &k);
    k = k % n;        // 防止 k 大于 n
```

```
        for (int i = 0; i < k; i++)
            t[i] = a[n - k + i];
        for (int i = n - 1; i >= k; i--)
            a[i] = a[i - k];
        for (int i = 0; i < k; i++)
            a[i] = t[i];
        printf("旋转后的数组:");
        for (int i = 0; i < n; i++)
            printf("%d ", a[i]);
        return 0;
}
```

3.

```
#include <stdio.h>
int main() {
    int year, month, days, firstDay, flag = 0, totalDays = 0;
    int d[12] = {31, 28, 31, 30, 31, 30, 31, 31, 30, 31, 30, 31};
    printf("请输入年份:");
    scanf("%d", &year);
    printf("请输入月份:");
    scanf("%d", &month);
    //判断闰年
    if((year % 4 == 0 && year % 100 != 0) || (year % 400 == 0))
        flag = 1;
    //计算对应月份的天数
    if (flag == 1)
        d[1] = 29;
    days = d[month - 1];
    //计算月份第一天的星期数
    for (int y = 1900; y < year; y++) {
        totalDays += ((y % 4 == 0 && y % 100 != 0) || (y % 400 == 0)) ? 366 : 365;
    }
    for (int m = 1; m < month; m++) {
        totalDays += d[m - 1];
    }
    firstDay = (totalDays + 1) % 7;
    //输出日历
    printf("Su Mo Tu We Th Fr Sa\n");
    for (int i = 0; i < firstDay; i++) {
        printf("   ");
    }
    for (int day = 1; day <= days; day++) {
        printf("%2d ", day);
        if ((day + firstDay) % 7 == 0) {
            printf("\n");
        }
    }
    return 0;
}
```

4.

```c
#include <stdio.h>
int main() {
    int num;
    float scores[100][3];
    float avg[100];
    float max[3];
    float min[3];
    for (int j = 0; j < 3; j++) {
        max[j] = 0;          // 假设分数不会小于 0
        min[j] = 100;        // 假设分数不会大于 100
    }
    printf("请输入学生人数:");
    scanf("%d", &num);
    for (int i = 0; i < num; i++) {
        printf("输入第 %d 个学生的成绩:\n", i + 1);
        for (int j = 0; j < 3; j++) {
            printf("课程 %d:", j + 1);
            scanf("%f", &scores[i][j]);
            if (scores[i][j] > max[j]) {
                max[j] = scores[i][j];
            }
            if (scores[i][j] < min[j]) {
                min[j] = scores[i][j];
            }
        }
    }
    for (int i = 0; i < num; i++) {
        float total = 0;
        for (int j = 0; j < 3; j++) {
            total += scores[i][j];
        }
        avg[i] = total / 3;
    }
    printf("\n学生成绩及平均成绩:\n");
    for (int i = 0; i < num; i++) {
        printf("学生 %d:", i + 1);
        for (int j = 0; j < 3; j++) {
            printf("%.2f ", scores[i][j]);
        }
        printf("| 平均成绩:%.2f\n", avg[i]);
    }
    printf("\n每门课程的最高分和最低分:\n");
    for (int j = 0; j < 3; j++) {
        printf("课程 %d:最高分:%.2f,最低分:%.2f\n", j + 1, max[j], min[j]);
    }
    return 0;
}
```

函数的应用

一、选择题
1. A　　2. B　　3. B　　4. B　　5. C　　6. C　　7. D　　8. D　　9. A　　10. A
11. C　　12. B　　13. A　14. B　　15. A　　16. A　　17. D　　18. A　　19. C　　20. C

二、填空题
1. 单向传递　　2. 类型　　3. int x，int y，int z　　4. 7　　5. 10

三、编程题
1.

```
# include < stdio. h >
# include < math. h >
int isArms(int num);
int main() {
    int num;
    printf("请输入一个整数：");
    scanf("%d", &num);
    if (isArms(num)) {
        printf("%d 是一个自幂数.\n", num);
    } else {
        printf("%d 不是一个自幂数.\n", num);
    }
    return 0;
}
int isArms(int num) {
    int orig, rem, result = 0, n = 0;
    orig = num;
    while (orig != 0) {
        orig /= 10;
        n++;
    }
    orig = num;
    while (orig != 0) {
        rem = orig % 10;
        result += pow(rem, n);
        orig /= 10;
    }
    if (result == num) {
        return 1;
    } else {
        return 0;
    }
}
```

2.

```c
# include < stdio.h>
unsigned long long factorial(int n) {
    if (n == 0 || n == 1) {
        return 1;
    }
    return n * fact(n - 1);          // 递归调用
}
int main() {
    int number;
    unsigned long long result;
    printf("请输入一个正整数:");
    scanf("%d", &number);
    if (number < 0) {
        printf("输入无效,请输入一个非负整数.\n");
    } else {
        result = factorial(number);
        printf("%d 的阶乘是:%llu\n", number, result);
    }
    return 0;
}
```

3.

```c
# include < stdio.h>
void Chicken AndRabbit(int heads, int legs, int *chickens, int *rabbits);
int main() {
    int heads, legs;
    int chic, rabb;
    printf("请输入头的数量:");
    scanf("%d", &heads);
    printf("请输入腿的数量:");
    scanf("%d", &legs);
    if (heads <= 0 || legs <= 0 || legs % 2 != 0) {
        printf("输入不合法.\n");
        return 1;      // 返回非零值表示程序异常终止
    }
    Chicken AndRabbit(heads, legs, &chic, &rabb);
    if (chic >= 0 && rabb >= 0) {
        printf("鸡有%d只,兔有%d只.\n", chic, rabb);
    } else {
        printf("无解,输入的头的数量和腿的数量不匹配.\n");
    }
    return 0;          // 返回 0 表示程序正常终止
}
void Chicken AndRabbit(int heads, int legs, int *chickens, int *rabbits) {
    if ((legs - 2 * heads) % 2 == 0) {
```

```
    *rabbits = (legs - 2 * heads) / 2;
    *chickens = heads - *rabbits;
} else {            // 表示无解
    *chickens = -1;
    *rabbits = -1;
    }
}
```

指针的应用

一、选择题

1. C   2. A   3. D   4. D   5. B   6. B   7. C   8. D   9. C   10. C
11. C   12. B   13. D   14. C   15. D   16. D   17. C   18. C   19. D   20. A

二、填空题

1. int *p＝a;   2. *(p+i)   3. LANGUAGE   4. 5,2,3   5. Porm

三、编程题

1.

```
# include < stdio. h>
int main() {
    char arr[9];
    char * ptr = arr;
    // 使用指针输入 9 个字符
    printf("请输入 9 个字符:\n");
    for (int i = 0; i < 9; i++) {
        scanf(" % c", ptr + i);
    }
    // 使用指针按每行 3 个字符输出
    printf("\n 输出结果为:\n");
    for (int i = 0; i < 9; i++) {
        printf(" % c ", *(ptr + i));
        // 每 3 个字符换行
        if ((i + 1) % 3 == 0) {
            printf("\n");
        }
    }
    return 0;
}
```

2.

```
# include < stdio. h>
# include < string. h>
void rev(char * str);
int main() {
    char str[101];
```

```
    printf("请输入一个字符串(不超过 100 个字符): ");
    fgets(str, sizeof(str), stdin);
    str[strcspn(str, "\n")] = 0;
    printf("原字符串: % s\n", str);
    rev(str);
    printf("反转后字符串: % s\n", str);
    return 0;
}
void rev(char * str) {
    char * start = str;
    char * end = str + strlen(str) - 1;
    char temp;
    while (start < end) {
        temp = * start;
        * start = * end;
        * end = temp;
        // 移动指针
        start++;
        end -- ;
    }
}
```

3.

```
# include < stdio. h >
# include < string. h >
int isPalindrome(const char * str) {
    const char * start = str;
    const char * end = str + strlen(str) - 1;
    while (start < end) {
        if (* start != * end) {
            return 0;
        }
        start++;
        end -- ;
    }
    return 1;
}
int main() {
    char str[100];
    printf("请输入字符串:");
    fgets(str, sizeof(str), stdin);
    str[strcspn(str, "\n")] = 0;
    if (isPalindrome(str)) {
        printf("'% s' 是回文字符串.\n", str);
    } else {
        printf("'% s' 不是回文字符串.\n", str);
    }
    return 0;
}
```

4.

```c
#include <stdio.h>
void sortArray(int *arr, int size) {
    for (int i = 0; i < size - 1; i++) {
        for (int j = 0; j < size - 1 - i; j++) {
            if (*(arr + j) > *(arr + j + 1)) {
                // 交换 *(arr + j) 和 *(arr + j + 1)
                int temp = *(arr + j);
                *(arr + j) = *(arr + j + 1);
                *(arr + j + 1) = temp;
            }
        }
    }
}
int main() {
    int size;
    printf("请输入数组大小:");
    scanf("%d", &size);
    int arr[size];
    printf("请输入数组元素:\n");
    for (int i = 0; i < size; i++) {
        scanf("%d", arr + i);
    }
    sortArray(arr, size);
    printf("排序后的数组:\n");
    for (int i = 0; i < size; i++) {
        printf("%d ", *(arr + i));
    }
    printf("\n");
    return 0;
}
```

结构体数据的应用

一、选择题

1. D　　2. A　　3. B　　4. B　　5. B　　6. C

7. D　　8. C　　9. B　　10. B　　11. B

二、填空题

1. Stu.birth＝2023；　　2. enum RGB {red,green,blue}；　　3. 7　　4. f,4

5. zhangsan,2008

三、编程题

1.

```c
#include <stdio.h>
typedef struct {
```

```
    int id;
    char name[50];
    float grade;
} Student;
void input(Student * s) {
    printf("请输入学生的学号: ");
    scanf("%d", &s->id);
    printf("请输入学生的姓名: ");
    scanf("%s", s->name);
    printf("请输入学生的成绩: ");
    scanf("%f", &s->grade);
}
char GLevel(float grade) {
    if (grade >= 90 && grade <= 100) return 'A';
    if (grade >= 80 && grade < 90) return 'B';
    if (grade >= 70 && grade < 80) return 'C';
    if (grade >= 60 && grade < 70) return 'D';
    return 'F';
}
void display(const Student * s, char gradeLevel) {
    printf("学生信息如下:\n");
    printf("学号: %d\n", s->id);
    printf("姓名: %s\n", s->name);
    printf("成绩: %.1f\n", s->grade);
    printf("成绩等级: %c\n", gradeLevel);
}
int main() {
    Student student;
    char Level;
    input(&student);
    Level = GLevel(student.grade);
    display(&student, Level);
    return 0;
}
```

2.

```
#include <stdio.h>
#include <string.h>
#define staly_len 20
#define food_num 10
// 定义菜谱信息结构体
typedef struct {
    int id;
    char name[50];
    char cook_method[20];
    int price;
    char staly[staly_len];
```

```
} Food;
int main() {
    Food foods[food_num];
    // 输入菜谱信息
    for (int i = 0; i < food_num; i++) {
        printf("请输入第%d个菜谱的信息:\n", i + 1);
        printf("菜单号: ");
        scanf("%d", &foods[i].id);
        printf("菜名: ");
        scanf("%s", foods[i].name);
        printf("烹饪方式: ");
        scanf(" %s", &foods[i].cook_method);
        printf("价格: ");
        scanf("%d", &foods[i].price);
        printf("所属菜系: ");
        getchar();
        fgets(foods[i].staly, staly_len, stdin);
        foods[i].staly[strcspn(foods[i].staly, "\n")] = '\0';
    }
    printf("\n所有菜单信息:\n");
    printf("菜单号\t菜名\t价格\t烹饪方式\t菜式\n");
    printf("------------------------------------------------------- \n");
    for (int i = 0; i < food_num; i++) {
        printf("%d\t%s\t%d\t%s\t%s\n",
            foods[i].id,
            foods[i].name,
            foods[i].price,
            foods[i].cook_method,
            foods[i].staly);
    }
    return 0;
}
```

3.

```
#include <stdio.h>
#include <string.h>
struct Parent {
    char name[50];
    int age;
    char job[50];
};
struct Family {
    struct Parent father;
    struct Parent mother;
};
int main() {
```

```
    struct Family myFamily;
    strcpy(myFamily.father.name, "John Doe");
    myFamily.father.age = 50;
    strcpy(myFamily.father.job, "Engineer");
    strcpy(myFamily.mother.name, "Jane Doe");
    myFamily.mother.age = 48;
    strcpy(myFamily.mother.job, "Teacher");
    printf("Father: %s, %d, %s\n", myFamily.father.name, myFamily.father.age, myFamily
.father.job);
    printf("Mother: %s, %d, %s\n", myFamily.mother.name, myFamily.mother.age, myFamily
.mother.job);
    return 0;
}
```

文件类型的应用

一、选择题

1. C　　2. A　　3. C　　4. C　　5. D　　6. C　　7. D　　8. D　　9. C　　10. D

二、填空题

1. 外部介质　　　2. 二进制文件　　　3. fclose()　　　4. 0　　　5. fputc(ch,fp);

三、编程题

1.

```
# include < stdio.h >
# include < stdlib.h >
# include < string.h >
int main() {
    char filepath[256];
    char input[1024];
    FILE *file;
    printf("请输入文件路径: ");
    gets(filepath);
    printf("请输入要写入文件的文本: ");
    fgets(input, 1024, stdin);
    input[strcspn(input, "\n")] = 0;
    file = fopen(filepath, "w");
    if (file == NULL) {
        perror("无法打开文件进行写入");
        return 1;
    }
    if (fprintf(file, "%s", input) < 0) {
        perror("无法写入文件");
        fclose(file);
        return 1;
    }
    fclose(file);
```

```
        printf("文件写入成功.\n");
        return 0;
}
```

2.

```
#include <stdio.h>
#include <stdlib.h>
#include <string.h>
int main() {
    char filepath[256];
    char buffer[1024];
    FILE *file;
    printf("请输入文件路径: ");
    scanf("%255s", filepath);
    file = fopen(filepath, "r");
    if (file == NULL) {
        perror("无法打开文件进行读取");
        return 1;
    }
    printf("从文件中读取的内容如下:\n");
    while (fgets(buffer, sizeof(buffer), file) != NULL) {
        printf("%s", buffer);
    }
    fclose(file);
    return 0;
}
```

3.

```
#include <stdio.h>
int main() {
    FILE *file;
    char ch;
    file = fopen("data.txt", "rb");
    if (file == NULL) {
        perror("无法打开文件");
        return 1;
    }
    // 移动文件位置指针到文件末尾的前一个字节
    if (fseek(file, -1, SEEK_END) != 0) {
        perror("fseek 失败");
        fclose(file);
        return 1;
    }
    // 读取该字节
    if (fread(&ch, sizeof(char), 1, file) != 1) {
        perror("读取失败");
```

```
        fclose(file);
        return 1;
    }
    printf("文件末尾前一个字节的内容: '%c'(ASCII: %d)\n", ch, (unsigned char)ch);
    fclose(file);
    return 0;
}
```

综合应用

一、选择题

1. C   2. C   3. A   4. C   5. A   6. B   7. D   8. D   9. B   10. C

二、填空题

1. −10   2. 3   3. 29   4. a[5]   5. 结构体

三、编程题

1.

```c
#include <stdio.h>
#include <ctype.h>
#include <string.h>
#include <stdbool.h>
int Upper(char s[]) {
    int count = 0;
    for (int i = 0; s[i] != '\0'; i++) {
        if (isupper(s[i])) {
            count++;
        }
    }
    return count;
}
int Lower(char s[]) {
    int count = 0;
    for (int i = 0; s[i] != '\0'; i++) {
        if (islower(s[i])) {
            count++;
        }
    }
    return count;
}
void convert(char s[]) {
    for (int i = 0; s[i] != '\0'; i++) {
        if (isupper(s[i])) {
            s[i] = tolower(s[i]);
        } else if (islower(s[i])) {
            s[i] = toupper(s[i]);
        }
    }
```

```
        }
    }
}
int main() {
    char input[100];
    printf("请输入一个字符串:");
    if (fgets(input, sizeof(input), stdin) != NULL) {
        size_t len = strlen(input);
        if (len > 0 && input[len - 1] == '\n') {
            input[len - 1] = '\0';
        }
        printf("转换前的字符串:%s\n", input);
        bool isEmpty = true;
        for (int i = 0; input[i] != '\0'; i++) {
            if (!isspace(input[i])) {
                isEmpty = false;
                break;
            }
        }
        if (isEmpty) {
            printf("输入的字符串为空(只包含空白字符),不进行转换和计数操作.\n");
        } else {
            int upBefore = Upper(input);
            int lowBefore = Lower(input);
            convert(input);
            int upAfter = Upper(input);
            int lowAfter = Lower(input);
            printf("大写字母个数:%d\n", upBefore);
            printf("小写字母个数:%d\n", lowBefore);
            printf("转换后的字符串:%s\n", input);
            printf("大写字母个数:%d\n", upAfter);
            printf("小写字母个数:%d\n", lowAfter);
        }
    } else {
        printf("读取输入时发生错误.\n");
    }
    return 0;
}
```

2.

```
#include <stdio.h>
#include <string.h>
#define MENU_SIZE 4
typedef struct {
    char name[50];
    double normalPrice;
} MenuItem;
MenuItem menu[] = {
    {"鱼香肉丝", 45.00},
```

```c
        {"红烧肉", 55.00},
        {"宫保鸡丁", 48.00},
        {"麻婆豆腐", 25.00}
};
int finditem(char *itemName) {
    for (int i = 0; i < MENU_SIZE; i++) {
        if (strcmp(menu[i].name, itemName) == 0) {
            return i;          // 找到菜品,返回索引
        }
    }
    return -1;                 // 未找到菜品,返回-1
}
double calculatePrice(int itemIndex, int season) {
    if (itemIndex != -1) {     // 确保索引有效
        if (season == 1) {
            return menu[itemIndex].normalPrice * 0.8;
        } else {
            return menu[itemIndex].normalPrice;
        }
    }
    return -1;                 // 如果索引无效,返回-1表示错误
}
int main() {
    char itemName[50];
    int season;
    double price;
    int itemIndex;
    printf("----- 菜单 ------\n");
    for(int i = 0; i < 4; i++)
    {
        printf(" %s\n", menu[i].name);
    }
    printf("--------------- \n");
    printf("请输入菜品名称:\n");
    scanf("%s", itemName);
    itemIndex = finditem(itemName);
    if (itemIndex != -1) {     // 确保菜品存在后再输入淡旺季
        printf("请输入淡旺季(0为旺季,1为淡季): ");
        scanf("%d", &season);
        if (season != 0 && season != 1) {
            printf("无效的淡旺季输入,请输入0或1.\n");
            return 1;          // 返回非零值表示错误
        }
        price = calculatePrice(itemIndex, season);
        printf("%s的价格是: %.2f\n", itemName, price);

    } else {
        printf("未找到该菜品.\n");
    }
    return 0;
}
```

3.

```c
#include <stdio.h>
#include <string.h>
#define MAX_BOOKS 100
typedef struct {
    char title[100];
    char author[100];
    int isBorrowed;                    // 0 表示在馆,1 表示借出
} Book;
void addBook(Book books[], int *count) {
    if (*count >= MAX_BOOKS) {
        printf("无法添加新书,已达到最大图书数量.\n");
        return;
    }
    printf("输入书名:");
    getchar();                         // 清除缓冲区
    fgets(books[*count].title, sizeof(books[*count].title), stdin);
    books[*count].title[strcspn(books[*count].title, "\n")] = 0;     //去掉换行符
    printf("输入作者:");
    fgets(books[*count].author, sizeof(books[*count].author), stdin);
    books[*count].author[strcspn(books[*count].author, "\n")] = 0;
    books[*count].isBorrowed = 0;          // 初始状态为在馆
    (*count)++;
    printf("图书添加成功!\n");
}
void borrowBook(Book books[], int count) {
    char title[100];
    printf("输入要借出的书名:");
    getchar();                         // 清除缓冲区
    fgets(title, sizeof(title), stdin);
    title[strcspn(title, "\n")] = 0;        // 去掉换行符
    for (int i = 0; i < count; i++) {
        if (strcmp(books[i].title, title) == 0) {
            if (books[i].isBorrowed) {
                printf("这本书已被借出!\n");
            } else {
                books[i].isBorrowed = 1;     // 设置为借出状态
                printf("成功借出《%s》!\n", books[i].title);
            }
            return;
        }
    }
    printf("没有找到这本书.\n");
}
void returnBook(Book books[], int count) {
    char title[100];
    printf("输入要归还的书名:");
    getchar();                         // 清除缓冲区
```

```
        fgets(title, sizeof(title), stdin);
        title[strcspn(title, "\n")] = 0;                   // 去掉换行符
        for (int i = 0; i < count; i++) {
            if (strcmp(books[i].title, title) == 0) {
                if (!books[i].isBorrowed) {
                    printf("这本书并未被借出!\n");
                } else {
                    books[i].isBorrowed = 0;        // 设置为在馆状态
                    printf("成功归还《%s》!\n", books[i].title);
                }
                return;
            }
        }
        printf("没有找到这本书。\n");
}
int main() {
        Book books[MAX_BOOKS];
        int count = 0;
        int choice;
        while (1) {
            printf("\n图书管理系统菜单:\n");
            printf("1. 添加新书\n");
            printf("2. 借出图书\n");
            printf("3. 归还图书\n");
            printf("4. 退出\n");
            printf("选择操作:");
            scanf("%d", &choice);
            switch (choice) {
                case 1:
                    addBook(books, &count);
                    break;
                case 2:
                    borrowBook(books, count);
                    break;
                case 3:
                    returnBook(books, count);
                    break;
                case 4:
                    printf("退出系统.\n");
                    return 0;
                default:
                    printf("无效的选择,请重试.\n");
            }
        }
        return 0;
}
```

附录 A

C 语言常见错误

C 语言中的常见错误涉及多个方面,包括语法错误、逻辑错误、运行时错误以及由于 C 语言特性导致的特定问题。以下是对 C 语言中常见错误的一些详细分类和解释。

1. 语法错误

语法错误是编译器能够检测到的错误,通常是由于违反了 C 语言的语法规则。这些错误会导致编译失败,程序无法生成可执行文件。

(1)遗漏分号:C 语言中每个语句的末尾都需要一个分号来标识语句的结束。如果遗漏了分号,编译器会报错。

(2)括号不匹配:包括圆括号、方括号和花括号,必须成对出现并且正确嵌套。如果括号不匹配,编译器会报错。

(3)拼写错误:变量名、函数名或关键字拼写错误,如将 printf 误写为 print。

(4)关键字错误:错误地使用了 C 语言的关键字作为变量名或函数名。

(5)引号错误:字符串或字符常量未正确用引号括起来,或者使用了错误的引号类型(如中文引号代替英文引号)。

(6)错误的语法结构:使用了错误的语句结构、表达式等。

2. 逻辑错误

逻辑错误是程序能够编译通过,但在运行时无法按照预期返回正确结果。这些错误通常需要在调试阶段中发现并解决。

(1)变量未初始化:在使用变量之前,必须对其进行初始化,否则可能会导致不可预测的结果。

(2)变量作用域问题:在错误的作用域内使用变量,导致变量值不正确或程序崩溃。

(3)条件语句错误:使用了错误的条件表达式、逻辑运算符。

(4)循环错误:循环条件设置不当、循环变量更新错误,导致循环无法正确执行或陷入死循环。

(5)函数返回值问题:函数未返回预期的值或未返回任何值(对于需要返回值的函数)。

3. 运行时错误

运行时错误是在程序运行时发生的错误,通常是由于程序试图执行非法的操作或访问非法的内存地址导致的。

（1）数组越界：访问数组时超出了其定义的边界，导致程序崩溃或产生不可预测的结果。

（2）空指针引用：试图访问空指针所指向的内存地址，导致程序崩溃。

（3）除数为零：在除法运算中，除数为零会导致程序崩溃。

（4）内存泄漏：动态分配的内存未被正确释放，导致内存泄漏。

4. C 语言特性导致的特定问题

C 语言的一些特性也可能导致特定的错误或问题。

（1）指针错误：指针是 C 语言中非常强大的工具，但也可能导致复杂的错误。如空指针、指针越界、指针类型不匹配等。

（2）类型转换问题：C 语言中的类型转换相对宽松，可能导致意外的类型转换和精度丢失。

（3）宏定义问题：宏定义在预处理阶段进行文本替换时，可能导致意外的代码展开和错误。

（4）可变参数函数：scanf()和 printf()等可变参数函数，在使用需要特别注意参数类型和数量的匹配，否则可能导致运行时错误，得不到预期的运行结果。

为了避免这些错误，需要熟悉 C 语言的语法和语义规则，遵循良好的编程实践，使用现代的集成开发环境（IDE）等。

C 语言常见的编译错误

C 语言编译错误是指在编译 C 语言程序时,编译器检查出的源代码错误。这些错误通常是程序员疏忽或不熟悉 C 语言的语法和语义规则导致的。以下是对 C 语言编译错误的一些分类和解释。

1. 语法错误

语法错误是最常见的编译错误类型,通常是程序员在编写代码时没有遵循 C 语言的语法规则导致的。这些错误会导致编译失败,程序无法生成可执行文件。语法错误包括但不限于附录 A 中包含的语法错误。

2. 类型错误

类型错误是数据类型不匹配导致的。在 C 语言中,数据类型是非常重要的,因为不同的数据类型有不同的存储方式和取值范围。类型错误包括但不限于以下错误。

① 变量类型与操作符或函数的预期不相符:例如,将一个整数赋值给一个指针变量,或者将浮点数与整数进行运算。

② 函数参数类型不匹配:调用函数时,提供的参数类型与函数声明中指定的参数类型不匹配。

3. 声明错误

声明错误通常涉及变量、函数或结构体等的声明和定义。声明错误包括但不限于以下错误。

(1)变量未声明:使用变量之前,必须先进行定义声明。

(2)函数未声明:调用函数之前,必须先定义函数或者进行函数声明。

(3)结构体未声明:使用结构体之前,必须先定义。

(4)重复声明:在同一个作用域内,不能重复声明同一个变量或函数。

4. 作用域错误

作用域错误是指在错误的作用域内使用变量或函数。在 C 语言中,变量和函数都有其特定的作用域,超出作用域的使用会导致编译错误。作用域错误包括但不限于以下错误。

(1)局部作用域内使用全局变量:全局变量在整个程序中都可见,但是全局变量只作用于定义点开始到程序结束,不能在定义该全局变量前面的函数使用该全局变量。

（2）一个局部作用域内使用另一个局部变量：局部变量只能在定义它的作用域内使用，即使两个变量名字相同，存储空间也不同，相互独立。

（3）函数外部调用局部函数：局部函数只能在定义它的函数内部使用。

5．初始化错误

初始化错误是指在变量声明时未提供正确的初始化值或类型。初始化错误包括但不限于以下错误。

（1）错误的初始化值：变量初始化时使用了不正确的值或类型。

（2）数组初始化错误：定义数组时初始化太多的值。

6．连接错误

连接错误通常是在将多个源文件编译为一个可执行文件时出现的。连接错误包括但不限于以下错误。

（1）引用了未定义的函数或变量：在一个源文件中使用了另一个源文件中定义的函数或变量，但忘记在连接时包含那个源文件或相应的库文件。

（2）变量或函数重复定义：在多个源文件中定义了相同名称的变量或函数，导致连接时发生冲突。

7．其他错误

除了上述常见的编译错误外，还有一些其他类型的错误也可能会导致编译失败或者程序不正确，包括但不限于以下错误。

（1）宏定义错误：宏定义不正确或宏定义展开后产生的代码存在语法错误。

（2）文件包含错误：头文件路径错误、头文件缺失或头文件被重复包含等。

（3）表达式错误：缺少括号或使用了不正确的括号导致表达式计算错误。

（4）非法内存访问：访问已释放的内存或越界访问数组等，这些操作都可能导致程序崩溃或产生未定义行为。

（5）内存泄漏：程序未能释放已分配的内存，导致内存占用持续增加，最终可能导致系统资源耗尽。

（6）除数为零：在除法运算中，除数为零会导致程序崩溃。

综上所述，C语言编译错误种类繁多，但大多数都可以通过仔细阅读编译器的错误信息和警告、遵循C语言的语法和语义规则、使用现代的集成开发环境（IDE）或编写和运行单元测试等方法来避免和解决。

要记住，程序出现了编译错误并不可怕，可怕的是找不到或者无法修改编译错误，其实发现并解决编译错误是学习程序设计过程中的正常部分，只要通过不断努力地学习和练习，就可以逐渐提高发现并解决编译错误的能力。

解决 Dev-C++ 编译错误的方法

在 Dev-C++中,错误信息通常会在编译窗口的"编译器输出"中显示。仔细阅读以下输出信息,通常会提供关于错误原因和位置的详细信息。

1. 查看错误信息

编译错误通常会在 Dev-C++的"编译器输出"或"构建日志"窗口中显示。仔细阅读错误信息,错误信息中包含错误发生的位置(文件名和行号)以及错误的类型。

2. 定位错误

根据错误信息中提供的行号,检查该行以及附近的代码是否有语法错误、类型错误、声明错误、作用域错误、初始化错误、连接错误等问题。

3. 理解错误类型

常见的编译错误类型包括语法错误、类型不匹配、未定义的标识符、未找到的头文件等。对于每种错误类型,了解它的含义和可能的原因。

4. 修正错误

根据错误类型和上下文,修改代码以修正错误。如果不确定如何修正,可以在网站中搜索类似的错误或询问其他人。

5. 重新编译

修正了一个编译错误之后,应该马上重新编译程序以检查是否还有其他错误。因为有时候一个错误可能引起多个编译错误,修改之后就可能没有其他错误了,所以修改之后应该马上编译。

如果仍然有错误,重复上述步骤直到所有错误都被解决。

记住,编程是一个不断学习和解决问题的过程。通过不断实践和学习,将逐渐掌握解决编译错误的技巧和方法。

Dev-C++编译错误和解决方法举例

再次强调在 Dev-C++中编写好程序进行编译时，如果出现编译错误，都会显示错误的原因和位置，所以出现编译错误时，必须养成先认真浏览提示信息再去解决编译错误的习惯。下面以目前常用的 Dev-C++软件为例，讲解在上机实验中遇到的一些编译错误及其解决方法。

（1）缺少分号";"，错误一般为"〔Error〕expected ' ; ' before ' XXX '"。

例如：

```
# include < stdio. h>
int main()
{
    int a,b,c;
    a = 10; b = 20;
    c = a + b
    printf("c = % d\n",c);
    return 0;
}
```

编译错误是"〔Error〕expected ';' before ' printf '"，即 printf()函数调用之前期望有一个分号。printf()函数之前就是"c＝a＋b"，认真观察后发现"c＝a＋b"后面确实缺少了一个分号，因为分号是语句结束的标志，如果编译时在代码中找到了一个应该结束的语句但没有遇到分号，就会出现这样的错误，加上分号即可。

（2）变量未声明，错误一般为"〔Error〕' XXX ' was not declared in this scope"。

例如：

```
# include < stdio. h>
int main()
{
    int x,y;
    x = 10; y = 20; z = x + y;
    printf("z = % d\n",z);
    return 0;
}
```

编译错误是"〔Error〕'z' was not declared in this scope"，即变量 z 在该作用域没有定

义,认真观察后发现没有定义变量 z,把"int x,y;"修改为"int x,y,z;"即可。

（3）变量重复定义,错误一般为"［Error］conflicting declaration 'XXX '"。

例如：

```
# include < stdio. h>
int main()
{
    int x,y,sum;
    float sum;
    x = 10; y = 20;
    sum = x + y;
    printf("sum = % d\n",sum);
    return 0;
}
```

编译错误是"［Error］conflicting declaration 'float sum'",即"float sum"存在冲突的声明,说明 sum 前面已经被定义声明了,并且由于重复声明导致编译器报错,认真观察后发现在前面已经把 sum 定义为整型变量了,所以不能再把 sum 又定义为 float 类型变量,删除该行或者修改变量名可以解决问题。

（4）程序中出现中文标点符号,错误解释一般为"［Error］stray '\XXX' in program"。

例如：

```
# include < stdio. h>
int main()
{
    int x,y,sum;
    x = 10; y = 20;
    sum = x + y;        /*这个分号是中文方式输入的分号,在 Dev-C++中默认显示跟英文的分号不一
样*/
    printf("sum = % d\n",sum);
    return 0;
}
```

编译错误是"［Error］stray '\243' in program"即程序中有非法字符'\243',出现单词 stray 一般就是因为有中文标点符号在这一行中,认真检查发现分号跟其他行的分号不一样,修改成英文方式下输入的分号即可,当然平时要注意在英文方式下输入标点符号。

（5）变量引用错误,错误一般为"［Error］' XXX ' was not declared in this scope"。

例如：

```
# include < stdio. h>
int main()
{
    int x,y,sum;
    x = 10; y = 20;
```

```
    Sum = x + y;
    printf("sum = % d\n",sum);
    return 0;
}
```

编译错误是"［Error］'Sum' was not declared in this scope",即变量"Sum"没有定义,认真观察后发现变量"sum"已经定义了,但是"Sum＝x＋y;"把"sum"引用为"Sum"了,所以修改为"sum"即可。

（6）无效预处理指令"＃XXX",错误一般为"［Error］invalid preprocessing directive ＃XXX"。

例如：

```
# incude < stdio. h >
int main()
{
    int x, y, sum;
    x = 10; y = 20;
    sum = x + y;
    printf("sum = % d\n",sum);
    return 0;
}
```

编译错误是"［Error］invalid preprocessing directive ＃incude",即无效预处理指令"＃incude",认真观察后发现＃incude写错了,修改为"＃include"即可。

（7）缺少"｝"错误,错误一般为"［Error］expected '}' at end of input"。

例如：

```
# include < stdio. h >
int main()
{
    int x, y, sum;
    x = 10; y = 20;
    sum = x + y;
    printf("sum = % d\n",sum);
    return 0;
```

编译错误是"［Error］expected '}' at end of input",即输入末尾应有"｝",认真观察后发现该程序只有一个"｛"开头,而没有"｝"结尾,所以在程序末尾加上"｝"即可,注意有时候不一定是末尾缺少"｝",而是中间缺少"｝"。

（8）头文件引用错误,错误一般为"No such file or directory"。

例如：

```
# include < stdoi. h >
int main()
```

```
{
    int x,y,z;
    x = 10;  y = 20;
    z = x + y;
    print("z = % d\n",z);
    return 0;
}
```

编译错误是"stdoi.h：No such file or directory",即没有命名为 stdoi.h 这样的文件或者目录,认真观察后发现头文件"stdoi.h"写错了,修改为"stdio.h"即可解决。

(9) 类型名引用错误,错误一般为"[Error] ' XXX ' was not declared in this scope"。

例如：

```
# include < stdio. h >
int main()
{
    int x,y;
    flaot aver;
    scanf(" % d % d",&x,&y);
    aver = (x + y)/2.0;
    printf("ave = % f\n",aver);
    return 0;
}
```

编译错误是"[Error] 'flaot' was not declared in this scope",即"flaot"没有定义,认真观察后发现原来是单精度类型定义说明符"float"不小心写成了"flaot",修改过来即可,需要注意的是此时还会伴随着其他错误,"[Error] expected ';' before 'aver'"和"[Error] 'aver' was not declared in this scope",这其实是因为前面的"float"写错了造成的,所以修改一个错误之后先编译一下,这样其他的编译错误也可能就没有了。

(10) 调用函数名输入错误,错误一般为"[Error] 'XXX' was not declared in this scope"。

例如：

```
# include < stdio. h >
int main()
{
    int x,y,z;
    x = 10;  y = 20;
    z = x + y;
    print("z = % d\n",z);
    return 0;
}
```

编译错误是"[Error] 'print' was not declared in this scope",即"print"没有声明,认真观察后发现"print"写错了,应该是"printf",少了一个字符"f",修改为"printf"即可解决。

（11）主函数名输入错误，错误一般为"［Error］ld returned 1 exit status"。

例如：

```
# include <stdio.h>
int mian()
{
    int x,y,z;
    x = 10; y = 20;
    z = x + y;
    printf("z = % d\n",z);
    return 0;
}
```

编译错误是"［Error］ld returned 1 exit status"，即退出状态码1，通常表示连接器遇到了错误，但没有提供具体的错误信息。伴随的错误是"undefined reference to 'WinMain'"，故推断主函数名"main"写错了，认真观察后发现"main"写成了"mian"，修改即可。

（12）else 与 if 被打断，错误一般为"［Error］'else' without a previous 'if'"。

例如：

```
# include <stdio.h>
int main()
{
    int x,y,max;
    scanf(" % d % d",&x,&y);
    if(x > y);
        max = x;
    else
        max = y;
    printf("max = % d\n",max);
    return 0;
}
```

编译错误是"［Error］'else' without a previous 'if'"，即"else"前面缺少一个"if"。而发现这种错误原因往往是"if"和"else if"或者与"else"之间被打断，此时应该认真检查"else"前面是否有"if"，以及"if"后面是否只有一个语句。认真观察后发现"if"后面有一个分号，就是第一个空语句，后面一行还有第二个语句"max＝x;"明显"if"后面出现了两个语句，造成条件语句不连续，这是不允许的，因此产生了"else"与"if"被打断的错误。此时把"if"后面的第一个分号去掉即可，或者加上一对花括号把多条语句括起来变成一个复合语句也可以。

（13）函数未声明，错误一般为"［Error］'XXX' was not declared in this scope"。

例如：

```
# include <stdio.h>
int main()
{
```

```
    int x,y,max;
    scanf("%d%d",&x,&y);
    max = mymax(x,y);        //调用函数 mymax 实现求两个数的最大值,显示这行错误
    printf("max = %d\n",max);
    return 0;
}
int mymax(int a,int b)
{
    return a>b?a:b;
}
```

编译错误是"[Error] 'mymax' was not declared in this scope",即"mymax"没有声明（定义）。认真观察后发现 mymax()函数已经定义了,但是 C 语言要求函数必须先定义后使用（或者在后面定义函数,但是在使用该函数之前必须先声明也可以）,所以这里修改的方法有两种:第一种修改方法就是把整个函数 mymax()的定义放在主函数之前,第二种修改方法就是在主函数之前加上一个函数声明"int mymax(int a,int b);"即可。

（14）缺少双引号错误,错误一般为"[Error] missing terminating "character"。

例如:

```
#include<stdio.h>
int main()
{
    printf("hello,world);
    return 0;
}
```

编译错误是"[Error] missing terminating "character",即缺少终止字符",一般是字符串中缺少了一个双引号。认真观察后发现,待输出的字符串"hello,world"之后缺失了一个双引号,"world"后面加上双引号即可。

（15）引用关键字作为变量名错误,错误一般为"[Error] expected unqualified-id before 'XXX'"。

例如:

```
#include<stdio.h>
int main()
{
    int a,b,case;
    a = 10; b = 20;
    printf("a = %d\n",a);
    return 0;
}
```

编译错误是"[Error] expected unqualified-id before 'case'",即 case 之前存在未限定标识符（即一个变量名、函数名或类型名等）。认真观察后发现定义变量时出现了"case",而

"case"是 C 语言的关键字,不能把它作为变量名出现在变量定义中的,它只能与"switch"一起使用。

（16）switch 括号中错误的表达式,错误一般为"［Error］switch quantity not an integer"。

例如:

```
# include < stdio. h >
int main()
{
    float score;
    printf("请输入一个百分制成绩:");
    scanf("% f",&score);
    switch(score/10)
    {
        case 9: printf("A\n");
        case 8: printf("B\n");
    }
    return 0;
}
```

编译错误是"［Error］switch quantity not an integer",即 switch 开关量不是一个整数。注意 switch 语句的语法要求括号里面必须是一个整数,而这里的"score"是一个单精度浮点数,"score/10"是双精度浮点数,所以就出现了这样的错误。修改的方法有两种:第一种方法是把"score/10"修改为"(int)score/10",即使用强制类型转换把"score"转换为整型再除以 10,最终也就是整型变量;第二种方法如果输入的成绩不要求小数时,可以把"score"修改为整型变量,这种修改方法还要将输入函数 scanf()里面的"% f"修改为"% d",如果要求一定要输入小数,那这种方法就不能用了。

（17）函数参数个数不匹配,错误一般为"［Error］too many arguments to function 'XXX'"或者"［Error］too few arguments to function XXX '"（函数 XXX 参数太多或者函数 XXX 参数太少）。

例如:

```
# include < stdio. h >
int mymax( int x, int y)
{
    int m;
    m = x > y?x:y;
    return m;
}
int main()
{
    int a,b,c,max1;
    scanf("% d % d % d",&a,&b,&c);
```

```
    max1 = mymax(a,b,c);
    printf("max1 = % d\n",max1);
    return 0;
}
```

编译错误是"[Error] too many arguments to function 'int mymax(int，int)'"，即向函数"int mymax(int，int)"传递了过多的参数。这句话的意思是，在调用名为 mymax 的函数时，传递了比该函数定义时所期望的参数数量更多的参数。在这个例子中，mymax()函数仅接受两个整数参数，如果尝试传递超过两个参数编译器就会报错，提示传递了过多的参数。认真观察后发现 mymax()函数的定义只有 2 个形参，而调用时是 3 个实参，确实多了 1 个。把调用函数"mymax(a,b,c)"修改为"mymax(a,b)"，即实参必须是 2 个参数。如果想利用 mymax()这个函数求 3 个数的最大值可以这样调用"mymax(mymax(a,b),c)"即调用 2 次 mymax()函数实现求 3 个数的最大值。

（18）函数参数类型不匹配错误，错误一般为"[Error] invalid conversion from 'xxx' to 'xxx' [-fpermissive]"。

例如：

```
# include < stdio. h>
int mymax( int * x, int * y)
{
    int m;
    m = * x >* y?* x:* y;
    return m;
}
int main()
{
    int a,b,max;
    scanf(" % d % d",&a,&b);
    max = mymax(a,b);
    printf("max = % d\n",max);
    return 0;
}
```

编译错误是"[Error] invalid conversion from 'int' to 'int *' [-fpermissive]"，即从"int"到"int"的转换无效。这句话的意思是，在代码中尝试将一个整数(int)赋值给一个整数指针(int *)，而这两种类型是不兼容的。在 C 语言中，整数和整数指针是完全不同的类型，它们之间不能直接转换。这个错误信息通常出现在一个整型的值赋值给指针类型变量，函数定义的两个形参是整型的指针类型，而实参是两个整型变量，出现了类型不匹配的错误。注意形参是指针变量，实参只能是同类型的指针或者地址。修改方法是把语句"max = mymax(a,b);"修改为"max = mymax(&a,&b);"即可。

（19）进行了不合法的取余运算。错误一般为"[Error] invalid operands of types 'XXX' and 'XXX' to binary 'operator%'"。

例如：

```
# include < stdio.h >
int main()
{
    float a,b,c;
    a = 10; b = 3;
    c = a % b;
    printf("c = % f\n",c);
    return 0;
}
```

编译错误是"［Error］invalid operands of types 'float' and 'float' to binary 'operator％'"，即二元操作符％，不支持 float 和 float 类型的计算。这句话的意思是,在 C 语言中尝试对两个浮点数(float 类型)使用取余运算符(％)时发生了错误,因为％通常用于整数类型,而不适用于浮点数类型。％是求余运算,得到 a/b 的整余数。整型变量 a 和 b 可以进行求余运算,而实型变量则不允许进行求余运算。修改的方法有两种：第一种就是在求余运算前使用强制类型转换为整型再求余。即把"c ＝ a ％ b;"修改为"c ＝ (int) a ％ (int) b;"第二种方法就是如果 a、b、c 的类型可以修改为整型,就直接把"float a,b,c;"修改为"int a,b,c;"即可,当然注意此时"printf("c＝％f\n",c);"也要修改为"printf("c＝％d\n",c);"。

(20) 数组初始化值太多错误,错误一般为"［Error］too many initializers for 'XXX'"。

例如：

```
# include < stdio.h >
int main()
{
    int a[5] = {10,20,30,40,50,60};
    for(int i = 0;i < 5;i++)
        printf(" % d\n",a[i]);
    return 0;
}
```

编译错误是"［Error］too many initializers for 'int [5]'",即为"int [5]"提供的初始化值过多。这句话的意思是,在尝试初始化一个具有 5 个元素的整数数组时,提供的初始化值的数量超过了数组能够容纳的数量。在 C 语言或类似的编程语言中,当声明并初始化一个数组时,提供的值应该与数组的大小相匹配。如果提供的值多于数组的大小,编译器就会报错,提示提供的初始化值过多。修改方法有两种：第一种修改方法是把"int a[5]＝{10,20,30,40,50,60};"修改为"int a[6]＝{10,20,30,40,50,60};",以便容纳初始化的 6 个整数,第二种修改方法是把"int a[5]＝{10,20,30,40,50,60};"修改为"int a[5]＝{10,20,30,40,50};"即删除一个初始化值。

(21) 字符错误的初始化值,错误一般为"［Error］invalid conversion from 'const char * ' to 'char'"。

例如：

```
# include < stdio. h>
int main()
{
    char ch = "A";
    putchar(ch);
    return 0;
}
```

编译错误是"[Error] invalid conversion from 'const char *' to 'char' [-fpermissive]"。即从'const char *'到 'char' 的转换无效。这条编译错误信息表明在 C 语言代码中，试图将一个 const char * 类型的指针（通常指向一个字符串变量或字符串常量）转换为一个 char 类型的变量，这是不允许的，因为 char 是一个字符类型，而 const char * 是一个指向字符常量的指针类型，两者不兼容，所以是无法转换的。修改方法是把"char ch = "A";"修改为"char ch = 'A';"即可。

（22）拒绝访问错误，错误一般为"Premission denied"[Error] invalid conversion from 'const char *' to 'char' [-fpermissive]。程序在开始编译时没有任何问题，但是第二次编译或者第三次编译运行就莫名其妙出现这种错误。出现这个错误有可能是运行程序没关，然后又开始新的编译了；也有可能是因为上次执行的. exe 文件并未结束，有些情况下，可能受代码功能的影响，即使关闭了终端窗口，. exe 文件仍然在后台执行。解决方法很简单，如果发现没有关闭原来的运行程序窗口，打开之后按 Enter 键关闭即可，如果没有找到运行窗口，可以把程序另存为一个新的文件，然后再编译即可。

参 考 文 献

[1] 谭浩强.C 程序设计学习辅导[M].5 版.北京：清华大学出版社,2017.

[2] 谭浩强.C 程序设计[M].5 版.北京：清华大学出版社,2017.

[3] 李俊.C 语言程序设计[M].北京：电子工业出版社,2012.

[4] 梁海英,张红军.C 语言程序设计[M].北京：清华大学出版社,2018.

[5] 谭浩强.C 程序设计试题汇编[M].4 版.北京：清华大学出版社,2023.

[6] 庄景明,谢祥徐,韩春霞.C 语言程序设计上机指导与习题解答[M].成都：电子科技大学出版社,2018.

[7] 任志鸿.C 语言程序设计实践教程[M].北京：清华大学出版社,2017.

[8] 颜晖,张泳.C 语言程序设计实验与习题指导[M].4 版.北京：高等教育出版社,2020.